临汾市农业气象
服务技术手册

戴有学　主编

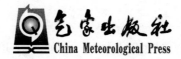

China Meteorological Press

图书在版编目（CIP）数据

临汾市农业气象服务技术手册/戴有学主编 . --北京：
气象出版社，2017.3
ISBN 978-7-5029-6526-6

Ⅰ.①临… Ⅱ.①戴… Ⅲ.①农业气象－气象服务－
临汾－技术手册 Ⅳ.①S165-62

中国版本图书馆 CIP 数据核字（2017）第 054821 号

Linfen Shi Nongye Qixiang Fuwu Jishu Shouce
临汾市农业气象服务技术手册

出版发行：气象出版社

地　　址：北京市海淀区中关村南大街 46 号　　**邮政编码：**100081
电　　话：010-68407112（总编室）　　010-68409198（发行部）
网　　址：http://www.qxcbs.com　　**E-mail：**qxcbs@cma.gov.cn
责任编辑：侯娅南　　　　　　　　　　**终　　审：**邵俊年
责任校对：王丽梅　　　　　　　　　　**责任技编：**赵相宁
封面设计：楠竹文化
印　　刷：北京京科印刷有限公司
开　　本：710 mm×1000 mm　 1/16　　　印　　张：13
字　　数：180 千字
版　　次：2017 年 3 月第 1 版　　　　　　印　　次：2017 年 3 月第 1 次印刷
定　　价：35.00 元

《临汾市农业气象服务技术手册》
编委会

主　任：王振宇

副主任：王文义　　杨志威　　戴有学

成　员：张继宏　　延雪花　　吴江平　　魏建军

　　　　申马锁　　郑峰燕　　雷震宇　　吉东发

　　　　张青山　　贾中雄

《临汾市农业气象服务技术手册》
编写组

主　　编：戴有学

参加人员：杨晓芳　　郭志芳　　代淑媚　　曹巧莲

　　　　　李义石　　李　霞　　刘福新　　张祎忠

前　言

　　临汾市是一个农业大市。地处黄河中游，位于山西省南部，临汾盆地中央，总面积 20 589 千米^2，管辖 3 个区、14 个县，2 个县级市，总人口430 万。属温带半干旱、半湿润大陆性季风气候，四季分明，雨热同期。冬季寒冷干燥，降雪稀少；春季干旱多风；秋季阴雨连绵；夏季酷热多暴雨，伏天旱雨交错。受地形影响，山区平川气候差异较大，气候特征迥异。因气象条件差异，全市各县的种植结构不尽相同，其中平川以种植小麦、玉米等粮食作物为主，山区以种植梨、苹果、枣等林果类经济作物为主。近年来，各地积极调整农业生产结构，因地制宜，种植多种作物，增加了农民的收入，促进了当地经济发展。

　　在全球气候变化异常的大背景下，影响临汾市农业生产的低温冷害、干旱、干热风、雹灾、风灾、洪涝、连阴雨等气象灾害频发，农业气象灾害的次数和严重程度也正在逐渐增加。由气象原因引发的泥石流、森林火灾、山体滑坡以及生物病虫害等气象次生灾害也较为严重。据统计，气象灾害及次生、衍生灾害占临汾市自然灾害的 90% 左右，对社会经济发展、生态环境和公共卫生安全带来很大的危害，给人民的生产、生活带来深重灾难。每年因气象灾害造成的经济损失占当年 GDP 的 1%～3%。

　　为有效预防临汾市农业气象灾害造成的影响，最大限度地减轻农业生产损失，市政府组织市气象、农业部门有关专家和技术人员，通过分析 1981—2010 年临汾市主要粮食作物、经济作物、蔬菜和林果类作物与气象要素的关系，在充分进行实地调研、查询有关研究成果和结合市县农业气象有关专家经验的基础上，确定其适宜气象指标、不利气象指标、主要农业气象灾害及防御防治措施，编写了《临汾市农业气象服务技术手册》。我相信，这本手册的编写、出版，将会受到广大农村基层工作者及农民朋友的欢迎。希望各地农业、气象部门要充分利用好这本手册，通过面授、远程培训等方式，做好基层农村工作者和农民朋友的学习培训和推广应用工作。也借此机会，向为这本手册编写、出版付出努力的专家学者和编写人员表示衷心的感谢。由于开展这项工作尚属首次，难免存在不足之处，诚挚地欢迎大家提出宝贵意见！

王振宇

临汾市人民政府常务副市长

2017 年 1 月于临汾

目录

第一篇 粮食作物

1 冬小麦

1.1 生育期气象指标及管理措施

1.1.1 播种—出苗期（9月下旬—10月中旬）

1. 适宜的气象条件

（1）冬小麦适宜播种的温度指标为日平均气温 16～18 ℃。临汾市日平均气温≥15 ℃的终日平均在 9 月下旬—10 月上旬。

（2）播种时要求土壤相对湿度为 70%～80%，在适宜的土壤水分条件下，冬小麦不仅出苗快，出苗齐，而且能促进冬小麦冬前分蘖。

（3）种子发芽的最适宜温度为 15～20 ℃，最低温度为 1～2 ℃，最高温度为 30～35 ℃。

（4）一般从播种到出苗约需 0 ℃以上积温 120 ℃·天左右，冬小麦播种后 7 天左右出苗较为适宜。

（5）种子萌发需要足够的氧气。耕作过的麦田，通常土壤中的氧气能够满足种子萌发的需要。

（6）冬小麦根系生长的最适宜温度为 16～20 ℃，处于此温度条件下生长速度最快；最低温度为 2 ℃；最适宜土壤相对湿度为 65%～80%。

（7）7—8 月降水量为 300～500 毫米，8 月降水量大于 250 毫米，9 月上、中旬降水量为 200 毫米左右，可形成良好的底墒。

2. 不利的气象条件

（1）日平均气温低于 10 ℃播种，冬前积温小于 350 ℃·天，一般无冬前分蘖；日平均气温高于 20 ℃播种常使低位蘖缺失，并引起穗发育，不利于安全越冬。

（2）种子发芽的最低温度为 1～2 ℃，最高温度为 35～37 ℃。

（3）7—8 月降水量不足 100～120 毫米，底墒不足，此期间降水量不足 80 毫米，底墒严重不足。

（4）秋播时两旬降水量达 200 毫米，地面出现板结或土壤湿度过大时，往往不利于农田作业，或可能因为缺乏氧气而影响种子萌发，甚至霉烂，即使勉强萌发，长势也很弱。

（5）当日平均气温低于 3 ℃时播种，一般当年不能出苗；气温高于 30 ℃根系生长受抑制。

（6）冬小麦播种时遇到干旱，土壤相对湿度小于 60%，土壤水分不足，根量少，易早衰；大于 85%，水分过多，土壤空气不足，根系生长也受抑制，小麦出苗率低，出苗不齐。

3. 农业技术措施

（1）播前准备

精细整地。麦播前整地要达到深、净、细、实、平的标准。及时收获秋作物，为冬小麦播种腾茬，秋作物收获后要及时深耕、耙地保墒。把好整地、播种深浅和种子质量关。

每年 9 月底、10 月初，根据年、季气候预测结果，决定播期的提前与推后。灌溉条件好的地区或地下水位较低的地区则可选用水肥需求量大的高产小麦品种。

土地翻耕前如果土壤相对湿度小于 80%，且未来一段时间无明显降水，有条件的地区就应灌溉底墒水，使 100 厘米土层土壤相对湿度达到 85% 以上。充足底墒使 100 厘米土层有效蓄水达到 200 毫米以上，可满足冬小麦全生育期 45%～53% 的耗水需求。

每年 9 月玉米收获后进行秸秆粉碎还田。随着农村经济和农业机械化的发展，大型农机具大量进入农村市场，秸秆粉碎机等农机具已经使用较多。利用秸秆粉碎机可直接将玉米秸秆粉碎成小于 10 厘米的小段进行还田。

培肥土壤，以肥调水。具体措施是：增施有机肥，改善土壤团粒结构，提高土壤保水性能；增施磷肥，达到以磷促根，以根调水的目的。同时由于粉碎还田的秸秆在腐烂过程中需要耗氮，所以需要增施氮肥。有条件地方应在施肥前进行土壤肥力测定，根据土壤肥力情况和不同作物、不同产量水平对肥力的要求，进行配方施肥。

深耕打破犁底层，可降低地温，减小土壤容重，增加降水渗透度和土壤蓄墒，同时达到翻压还田秸秆的目的。可利用大型农机具对农田进行深耕，耕作深度应大于 30 厘米。

播前拌种。在播种前进行拌种，可提高出苗率，防虫防病。拌种应在播种前一天进行，可选用市场上销售的包衣制剂或拌种剂。

（2）管理措施

播种—出苗期管理的主攻目标是：在全苗匀苗的基础上，促根、增蘖，促弱控旺，培育壮苗，协调幼苗生长和养分储备的关系，保证麦苗安全越冬，为来年增穗增粒打好基础。主要措施有：

①播种后如遇雨，在土壤过湿板结或黏种的情况下，要采取松土通气措施。

②及早查苗补种，疏苗移栽，确保苗全苗匀。小麦出苗后，如发现因各种原因造成的缺苗断垄现象，若发现得早，可用种子催芽补种。

③及时破除地面板结。播种后遇雨或浇水后，要及时破除板结，以利出苗。浇封冻水过早麦田要及时进行锄划，既可以锄草，又可以松土保墒，并可避免由于土壤龟裂造成冬季干旱风侵袭而死苗。

④因苗追肥，早管弱苗，促弱转壮。土壤干旱或过湿、基肥不足、土壤板结、土壤盐碱过重、过晚播种等，均可造成弱苗。弱苗的共同特点是：叶片出生缓慢，叶片瘦小或早期变黄，不发生次生根，不分蘖或分蘖极少，全田总茎数不足，对这类麦田，应依照苗情、地力，及时追施化肥，以促使麦苗由弱转壮。对冬前麦苗生长正常又无脱肥迹象的麦田，一般不必施用冬肥，以免造成春季分蘖过多，群体过大的弊端。

1.1.2 三叶—分蘖期（10月下旬—11月上旬）

冬小麦在正常播期条件下，出苗后15～20天开始分蘖，并随着主茎叶片的增加而增加，很快进入冬前分蘖高峰期。入冬以后气温降至2℃以下，分蘖停止生长，若越冬期间气候严寒，土壤水分不足，土壤悬虚，品种选择不当，就会发生死蘖现象。1月平均气温徘徊在0℃左右的麦区，冬季仍有少量分蘖增加。返青后，当气温回升至10℃以上时新的分蘖又会大量发生。日照充足能促进新器官的形成，使分蘖增多。

1. 适宜的气象条件

（1）土壤含水量达到田间持水量70%～80%。

（2）日平均气温为10～18℃，利于分蘖，出蘖平稳、粗壮，分蘖生长最快的温度为13～18℃；根系生长最适宜的日平均气温为16～20℃。

（3）一般在适宜的分蘖期内，每70℃·天积温产生一个分蘖，产生一个分蘖需 6 天左右。充足的光照可形成足够的光合产物，满足分蘖生长。

（4）出苗—分蘖期需要 220～240 ℃·天积温。冬前有效积温小于 400 ℃·天，多为晚播弱苗；大于 800 ℃·天，出现旺长，抗寒能力下降；有效积温达到 550～700 ℃·天，可形成壮苗。

（5）日平均气温为 0～5 ℃，麦苗经过第一阶段的抗寒锻炼。

（6）冬前达 5～7 片叶，叶色绿，单株分蘖 3～5 个，次生根 2～3 条；柱形叉开，此类群体能达 60 万～80 万茎/亩①，为壮苗。

2. 不利的气象条件

（1）日平均气温小于 6 ℃，分蘖受抑制，分蘖大多不能成穗，3 ℃以下不会发生分蘖。

（2）日平均气温超过 18 ℃分蘖受阻，叶片生长过旺，易出现徒长。

（3）土壤相对湿度在 55％以下时，会抑制分蘖的产生；如果土壤相对湿度大于 90％，则因土壤缺氧，也常常造成黄苗，分蘖迟迟不能生长，应开沟排水，争取分蘖早生快发。

3. 农业技术措施

（1）对由于土壤肥力基础好、基肥施用量大、墒情充足、播期偏早等形成生长过旺的麦田，可连续深锄断根，控制旺苗；由于播量大而造成群体过大、根系发育不良的麦田，一般不宜深中耕，发现有旺长现象，可采取镇压措施，以控制主茎和大蘖徒长，控旺转壮；播量偏大形成的徒长苗，冬前要及早疏苗、间苗，疏苗后出现脱肥的麦田应酌情追肥浇水，促其健壮生长。

（2）对因地力、墒情不足而形成的弱苗，要抓住冬前温度较高、有利于分蘖扎根的时机，优先管理。当进入分蘖后，先追肥后浇水，及时中耕松土，对促根增蘖、由弱转壮有明显作用。晚播弱苗主要积温不够，不应急于追肥浇水，以免降低地温，影响发苗，可浅锄松土，增温保墒。对弱苗，加强中耕松土，促苗早发。对整地质量差、地虚、土块多、墒情不足的晚播弱苗，冬季可进行镇压，压后浅锄，以提墒保墒。

（3）对已分蘖仍有缺苗的麦田，可从分蘖后到封冻前进行移苗补栽；对于群体过大的麦田，在分蘖始期可进行疏苗，去弱留壮，去小留大，以保证麦苗分布均匀，个体发育健壮，群体生长一致。

---

① 1 亩≈666.7 米²，下同。

（4）10 月下旬—11 月上旬，在小麦 3～5 叶期，杂草 2～4 叶期进行化学除草。亩用 10％苯磺隆可湿性粉剂 15 克，喷雾防治阔叶杂草；亩用 30 克/升甲基二磺隆悬浮剂 20～30 毫升，或 3.6％甲基碘磺隆钠盐·甲基二磺隆可分散粒剂 15～25 克，兑水 25～30 千克，防治节节麦、雀麦等禾本科杂草。

1.1.3　越冬期（11 月下旬—次年 2 月下旬）

1. 适宜的气象条件

（1）当冬前日平均气温稳定通过 0 ℃，植株地上部分基本停止生长，进入越冬期。冬季严寒或温度降幅过大易发生冻害。越冬前≥0 ℃积温 500～600 ℃·天的条件较为适宜；冬前积温＜350 ℃·天，一般无冬前分蘖。

（2）日平均气温＜3 ℃，冬小麦停止分蘖；日平均气温≤0 ℃，冬小麦停止生长进入越冬期；日平均气温－5～0 ℃冬小麦进入第二阶段的抗寒锻炼；≤0 ℃的积温在－40 ℃·天以内，可以安全越冬。

（3）土壤相对湿度 80％左右或有积雪有利于冬小麦安全越冬。

2. 不利的气象条件

（1）土壤相对湿度＜50％时需浇冬水。一月平均气温＜－10 ℃，最低气温＜－30 ℃，或日平均气温＜0 ℃的日数大于 100 天，冬小麦不能安全越冬。

（2）耕作层土壤相对湿度降到 60％以下时，不利于安全越冬。

3. 农业技术措施

（1）适时冬灌，保苗安全越冬，做到春旱早防。冬灌可缓和冬季地温的剧烈变化，防止冻害死苗，并为翌年返青保蓄水分，做到冬水春用。冬灌要根据温度、土壤墒情、苗情、降水等因素适时适量进行，以保证冬灌质量。

（2）及时防治苗期病虫害。在冬前清除田边杂草，消灭越冬病媒和灰飞虱、蚜虫等病虫的传播媒介。

1.1.4　返青—拔节期（2 月下旬—4 月上旬）

1. 适宜的气象条件

（1）日平均气温稳定回升到 2～3 ℃时，小麦开始返青和恢复生长。

（2）返青期适宜温度为日平均气温 3～7 ℃。

（3）光照充足。

（4）土壤相对湿度在 70％～80％。

2. 不利的气象条件

（1）返青期时，最低温度−9～−6 ℃（持续 12 小时）反复 8 次死苗 30％，反复 15 次全部死苗。

（2）冬小麦萌动后分蘖时，最低温度−6～−3 ℃会受冻。

（3）小麦返青后需水量增加，春季降水少，极易出现麦田干旱，土壤相对湿度低于 55％时，将影响单株有效穗数和穗部性状发育。

（4）气温偏低可导致穗分化速度延缓。

3. 管理措施

（1）中耕。开春后要及时进行中耕，松土保墒，提高地温，促苗早发，消灭杂草，抑制春蘖过量滋生，确保麦苗稳健生长。

（2）浇水追肥。对于土壤墒情和麦苗生长正常的麦田，春季灌溉可适当推迟。灌溉时应注意不要大水漫灌，不要地面积水，防止夜间结冰冻伤麦苗；浇水后表土墒情适宜时，要精细锄地，破除板结，疏松土壤，保墒增温，促进根系和分蘖生长。结合灌溉，每亩沟施或穴施纯氮 5～7 千克。

（3）预防倒伏。对于旺长麦田，在起身期每亩使用 15％多效唑可湿性粉 30～50 克加水 50 千克均匀喷洒，或深锄 7～10 厘米断根控长。

（4）加强病虫害监测和防治，重点是地下害虫和纹枯病。

（5）秋季没有化学除草的在返青—起身期进行补防。方法同三叶—分蘖期农业技术措施中第（4）条。

1.1.5　拔节—抽穗期（拔节：4 月上、中旬；抽穗：4 月下旬—5 月上旬）

1. 适宜的气象条件

（1）小麦拔节期要求适宜温度为 12～14 ℃，孕穗期为 15～17 ℃，抽穗开花期要求的最适温度为 18～20 ℃。

（2）拔节—抽穗期的需水量为 100～120 毫米，占全生育期的 1/4～1/3，50 厘米以上土层的土壤相对湿度要维持在 60％～80％。

（3）拔节期光照充足可使穗健全小花数增多，提高小花成花百分率。

（4）无 5 天以上连阴雨。

2. 不利的气象条件

（1）冬小麦拔节后日最低气温<0 ℃可能出现晚霜冻害，最低气温下降到

—6 ℃时幼穗受冻。

（2）穗分化达到二棱期的冬小麦遇到—10 ℃的低温，经过 5 小时就会遭受严重冻害。

（3）温度在 20 ℃以上，节间伸长最快，往往会发生徒长。

（4）拔节后一周遇到—5～—3 ℃低温，或拔节后两周遇到—3～—1 ℃低温，植株易受冻。

（5）拔节期光照不足小花退化，降低成花百分率。连阴雨天气造成麦穗的缺粒率增加，对小麦籽粒形成影响很大，充足的日照能保证小麦正常开花授粉。若土壤相对湿度<50%，小花大量退化，小穗结实率降低。

（6）连阴雨大于 6 天引起湿害，湿害发生时由于田间湿度大，经常伴随赤霉病、白粉病、锈病和纹枯病的蔓延。

3. 管理措施

（1）施拔节肥。一般在群体叶色由绿转淡时施用。对叶片肥宽柔软、分蘖很多的旺苗，不宜追施氮肥，应采取控水控长措施；对叶较长而色青绿的壮苗（绿度值 6～8），可施适量或少量氮肥；对叶色黄绿的弱苗（绿度值 2～3），应适当多施氮肥，拔节前苗已发黄坐蔸或叶尖枯萎的，可早施。矮秆、耐肥、抗倒的品种，可适量多施；高秆、不耐肥的品种，要少施。一般以每亩 10 千克尿素为宜，超 500 千克的高产田以每亩 12～15 千克尿素为宜。施肥方法宜采用条施或穴施，深施覆土，趁雨或结合灌溉施肥。

（2）施孕穗肥。小麦孕穗期某些田块可能出现后期脱肥的情况，需要施肥。应在小麦旗叶露尖前后追施，每亩施用 5～10 千克硫铵或 3～5 千克尿素，趁雨洒施或兑成 1%～2%的尿素水溶液浇施。

（3）抽穗期耗水量较大，缺水会造成叶片暂时凋萎，光合强度下降，消耗已经合成的物质。适时浇水，保持土壤湿度占田间持水量的 70%～80%。

（4）应用磷酸二氢钾、尿素、过磷酸钙（浸出液）等，进行叶面喷施，防干旱并提高小麦粒重、增加产量。

1.1.6　抽穗—乳熟（5月中旬—6月上旬）

1. 开花—籽粒形成

（1）适宜的气象条件

①一般小麦抽穗后 3～5 天开花、传粉、受精，全穗开花时间持续 3～5 天，全田开花可达 6～7 天，开花高峰为 09—11 时和 15—18 时。

②晴朗微风，空气相对湿度 70%～80%利于开花授粉。开花后 10 天光照充足，利于提高结实率。

③开花最适温度因品种熟性略有差异，具体见表 1-1。

表 1-1 冬小麦开花最适气温

品种熟性	最适气温	开花始期（℃）	开花普遍期（℃）
春性	下限	15.2	14.9
	上限	19.7	19.8
半冬性	下限	16.2	16.1
	上限	20.2	20.4
冬性	下限	16.7	16.0
	上限	20.5	20.4

（2）不利的气象条件

①小麦开花期怕高温、干旱，小麦开花最低温度为 9～11 ℃，最高为 30 ℃，高于 30 ℃且土壤水分不足或伴随干旱风时，影响授粉而降低结实率。

②开花期大气相对湿度低于 20%则影响正常授粉，但湿度太大时，花粉粒易吸水膨胀破裂。

③连阴雨天气造成麦穗的缺粒率增加，对小麦籽粒形成影响很大。

④小麦开花后 10～12 天，籽粒的轮廓就已基本形成，在籽粒形成期间，如遇高温干旱、低湿阴雨、锈病等灾害，均会造成光合产物减少，养分运转积累受阻，影响籽粒形成，造成缺粒减产。

（3）管理措施

本期田间管理主攻目标是减少小花退化，提高结实率。由于引起小花退化的原因除内部生理原因，还有外部原因，如温度过高或过低、空气干燥、土壤干旱、光照不足、缺少养分、肥水施用不当等，因此，应从以下方面进行管理：

①对中低产麦田，由于地薄苗弱，要采取措施促花增粒，于小花退化高峰前，供给充足的水分，并追施磷肥。

②肥水较高的麦田，为了减少小花退化，增加穗粒数，必须改善光照条件，不需浇水施肥，保持合理的群体结构，促使植株健壮。

2. 灌浆—乳熟期

这一时期是小麦千粒重形成的关键时期，小麦灌浆持续时间 20 天左右。

（1）适宜的气象条件

①灌浆最适温度为 20～22 ℃。在 23～25 ℃时，灌浆时间缩短 5～8 天；在日平均气温 15～16 ℃的条件下，灌浆期延长，粒重增加。

②在灌浆末期往往会出现一个灌浆强度猛增的阶段，历时 2～3 天，千粒重增重高达 1～2 克，称为灌浆强度小高峰。灌浆末期日平均气温为 20～24 ℃时，有利于小高峰的形成。

（2）不利的气象条件

①温度低于 12 ℃时，光合强度减弱，影响灌浆。

②灌浆后期降水，特别是高温之后的降水过程，或日降水量超过 10 毫米时，雨后青枯常导致籽粒灌浆停止，灌浆强度小高峰就难于出现。

③在小麦灌浆—乳熟期易出现干热风、大风与冰雹灾害。干热风将引起小麦灌浆期缩短，大风、冰雹等强对流天气易造成小麦倒伏或机械损伤。

④主要病虫害有麦蚜虫、条锈病、秆锈病、赤霉病、白粉病和纹枯病等。

（3）管理措施

①及时浇好灌浆水，灌溉适宜期和灌水量视土壤质地、墒情和苗情而异。对于土质肥沃、底墒较好的麦田，在成熟前 20 天左右可提早停水，不浇麦黄水，后期多雨的地区应适当控制灌水次数和水量。对保墒性差的土壤，特别是东部沙性土壤，应根据土壤墒情适当增加灌水次数，以满足灌浆需要。

②可以通过浇灌麦黄水和叶面喷施磷酸二氢钾等生长调节剂等多种措施，以防御、减少干热风或高温天气造成的危害。

③小麦发生倒伏后，对倒伏不太严重的麦田，植株可通过自身的调节能力直立起来，使麦穗、茎、叶在空间排列上达到合理分布。倒伏导致的土壤潮湿、田间密闭，给病虫害发生造成了有利条件，因此，要以"预防为主，本防兼治"的原则。小麦倒伏后，光合作用差，抗干热风能力差，灌浆速度慢，应及时采取加强营养的补救措施。

④后期"一喷三防"。在小麦穗期一次性喷施杀虫剂、杀菌剂、叶面肥等混配喷雾，重点防治蚜虫、白粉病、锈病，增强小麦抗逆性，防干热风、防倒，增加小麦粒重。"一喷三防"常用配方：亩用 20％硫黄·三唑酮悬浮剂 50～80 克＋10％吡虫啉可湿性粉剂 20 克＋腐植酸水溶肥料 50

克或磷酸二氢钾 100 克，兑水 30 千克叶面喷雾，每次间隔 7～10 天，连续喷施 2 次。

1.1.7 乳熟—成熟期（6 月中旬）

1. 有利的气象条件

冬小麦乳熟期最适气温的下限为 19.3 ℃，上限为 23.3 ℃；成熟期最适气温的下限为 21.9 ℃，上限为 25.6 ℃。

冬小麦收割期有利的气象条件：晴好天气，无连阴雨；无大风，风力≤3 级。冬小麦籽粒成熟包括蜡熟期和完熟期。蜡熟期除茎秆上部节仍保持绿色外，其他各部节均变黄，穗下节间呈金黄色，籽粒背面绿色消失，胚乳变成蜡质状，籽粒可用指甲切断，蜡熟末期是最适宜的收获时期。

2. 不利的气象条件

（1）连阴雨天气连续日数＞5 天，日平均气温＜20℃，日最高气温＞32℃，降水量＞30 毫米。

（2）干热风对乳熟期的冬小麦危害最重，成熟期受害最轻。乳熟期以后若连续降雨在 15 毫米以上，紧接着出现最高温度大于 30℃以上的天气，冬小麦会被高温逼熟。

（3）冬小麦收割期不利的气象条件：连阴雨＞3 天，风力≥5 级。完熟期籽粒加快脱水，体积缩小，胚乳已变硬，不能被指甲切断，茎叶全部变黄，穗也变黄，芒炸开，此期收获，易导致断穗落粒，造成损失。

1.2 主要农业气象灾害

1.2.1 干旱

干旱指长期无降水或降水偏少，造成空气干燥、土壤缺水，从而使作物种子无法萌发出苗，作物体内水分亏缺，影响正常生长发育，最终导致产量下降甚至绝收的气候现象。冬小麦生育期的各个时期都可能发生干旱（表 1 - 2）。

表 1-2　土壤含水量适宜指标和干旱指标（深度 0～50 厘米）

发育期	指标	砂土（%）	壤土（%）	黏土（%）
播种—出苗	适宜	60～85	63～88	67～90
	轻旱	52.5～60	53～63	63～67
	中旱	45～52.5	45～53	52～63
	重旱	≤45	≤45	≤52
出苗—返青	适宜	55～85	58～88	63～90
	轻旱	50～55	52.7～58	60.5～63
	中旱	40～50	42～52.7	50.4～63.2
	重旱	≤40	≤42	≤50.4
返青—抽穗	适宜	60～85	60.4～88	71～90
	轻旱	50～60	55.4～60.4	63.2～71
	中旱	40～50	43～55.4	50.4～63.2
	重旱	≤40	≤43	≤50.4
抽穗—成熟	适宜	62～85	63.8～88	70.3～90
	轻旱	45～62	53.5～63.8	61.3～70.3
	中旱	40～45	43～53.5	47.3～61.3
	重旱	≤40	≤43	≤47.3

1. 秋旱

9—11 月为冬小麦播种、出苗、分蘖期，一般情况下，以旬降水量≥30毫米或日降水量≥20 毫米为透墒，否则为干旱。

2. 冬旱

降水比常年显著偏少，也会发生干旱。

3. 春旱

自 2 月中旬以后，小麦开始返青，并逐渐进入起身、拔节、孕穗期，由于春季气温回升快、空气干燥、风大等使土壤蒸发加快，同时冬小麦返青后，生长加快，需水量加大，叶面积系数迅速增加，蒸腾作用加强，易发生春旱。

4. 初夏旱

入夏后气温高，大气蒸发力强，小麦正处籽粒成熟的关键时期，若遇到无雨天气或少雨天气，对小麦灌浆和籽粒增重有重大影响。

5. 防御措施

（1）根据年型，选用适宜品种。每年 9 月底、10 月初，根据年、季气候预测结果，决定是否选用耐寒品种。灌溉条件好的地区或地下水位较低的地区则可选用水肥需求量大的高产小麦品种。

（2）灌足底墒水。土地翻耕前如果土壤相对湿度小于80%，且未来一段时间无明显降水，有条件的地区就应灌溉底墒水，使100厘米土层土壤相对湿度达到85%以上。充足底墒使100厘米深土层有效蓄水达到200毫米以上，可满足冬小麦全生育期45%~53%的耗水需求。

（3）增肥土壤，以肥调水。增施有机肥，改善土壤团粒结构，提高土壤保水性能；增施磷肥，达到以磷促水，以根调水的目的。

（4）深耕。深耕打破犁底层，可降低地温，减小土壤容重，增加降水渗透深度和土壤蓄墒。

（5）返青、拔节期进行有限灌溉。通过对土壤水分的实时监测和小麦生长状况的系统检测，综合考虑未来天气状况，利用土壤水分预报模型，根据有限灌溉指标（返青拔节期土壤相对湿度是否低于55%）进行灌溉决策。小麦常采用的节水灌溉方式有：喷灌、滴灌、间歇灌（又称波涌灌或涌灌）、长畦分段灌和小畦田灌溉等。

（6）拔节、灌浆期喷施防旱抗旱剂。常用的防旱剂有SA型保水剂、FA旱地龙、多功能防旱剂等。

（7）生长后期喷施防干热风制剂。目前防御干热风的简便有效途径是喷施磷酸二氢钾、草木灰尽出液等制剂，可提高小麦抗旱或抗干热风的能力，促进小麦结实器官的发育，增强光合作用，减少叶片失水，加速灌浆进程。

1.2.2　雨涝与湿害

1. 秋涝

以月降水≥150毫米，月雨日≥15天或连续两个月降水量≥300毫米，9—11月雨日≥30天为秋涝指标。

2. 初夏涝

主要影响夏收夏种。

3. 苗期湿害

苗期湿害由播种期和幼苗生长期雨水过多、土壤湿度过大造成。苗期湿害，叶尖黄化或淡褐色，根系伸长受阻，分蘖力弱，植株瘦小，往往成为僵苗。拔节抽穗期湿害茎叶黄化或枯死，根系暗褐色出现污斑，茎秆细弱，成

并伴随较强降温，雨后不久出现 30 ℃以上高温，小麦不适应这一急剧变化，叶片和茎秆脱水，青枯死亡，而后扩展到全株。降温幅度越大，雨量越大，雨后升温越猛，受害越重。小麦青枯气象指标见表 1-6。

表 1-6　小麦青枯气象指标

青枯时间		①5 月 25 日至 6 月 3 日过程降水≥10 毫米 ②降水前后 3 天内有一日以上最高气温≥30 ℃
青枯年型	轻	①青枯出现在 5 月 25—27 日，或 6 月 1~3 日 ②降水前后温差小于 10 ℃，日最高气温有 1 日＞30 ℃
	重	③青枯出现在 5 月 25—31 日 ④降水前后温差大于 10 ℃，有 1 日以上最高气温大于＞30 ℃

青枯发生时首先穗下节由青绿变为青灰色，接着顶部小穗枯萎，炸芒，颖壳发灰白。籽粒瘦秕，粒重很低，出粉率也明显降低。是对小麦粒重影响最大的灾害，严重的可下降一二成。一般发生在成熟前 20 天以内，尤以成熟前 7~10 天为最严重，这时小麦的生命力已较衰弱，对外界不利条件的抵抗力差。到成熟前几天，虽然生命力更弱，但灌浆已基本完成，发生青枯损失也不大。

2. 防御措施

（1）高温天气一般出现在灌浆后期，适时早播和春季管理促早发争取提早抽穗，有利躲过高温危害。

（2）采用早熟和后期灌浆快、抗青枯的品种。

（3）春寒年春天追氮肥不能过晚，早春增施磷肥和控制氮肥总量。

（4）雨后出现高温时及时喷灌降温。

（5）喷洒乙烯利、黄腐酸铵、氯化钾等，促进养分转移。

1.2.7　倒伏

1. 发生条件及危害

易倒伏时期一是抽穗期，易兜水超重，茎秆也较软。二是乳熟末期，籽粒体积和鲜重达最大时，头最重。浇水或下中雨后有五六级风即可能造成部分倒伏。雨强和风力越大，倒伏越重。倒伏后的小麦一般会减产 1~4 成，倒伏越早，损失越大。

2. 防御措施

（1）选用矮秆和茎秆韧性强的品种。

（2）提倡随土壤肥力提高适当降低播量，以分蘖成穗为主，增强抗倒能力。

（3）增施磷肥和早春松土促进根系发育，增施钾肥可增强茎秆韧性。

（4）拔节前控制水肥防止中部叶片过大和基部节间过长。

（5）灌浆中后期浇水要避开风雨天气，高产田可选择风小的后半夜到上午浇水。高产田可采取间歇喷灌的办法，即每喷 30 分钟停十多分钟使植株上的水分下落后再喷。

1.2.8　雹灾

1. 发生条件及危害

冰雹常对所经过的麦田造成危害，轻则掉粒撕叶，重则折断打烂。

2. 防御措施

（1）当冰雹云迅猛发展之时进行人工消雹作业，有可能使该冰雹云不降雹而降雨。

（2）发生冰雹灾害后要对灾情及时评估，根据受害程度决定采取立即改种或是加强管理争取较好收成。

1.3　病虫害及防治

1.3.1　锈病（叶锈、秆锈）

1. 发生条件及危害

临汾市为条锈病常发区，流行年份可使小麦减产 20％～30％，严重地块甚至绝收。

盛发期：4 月—5 月上旬。小麦所处生育期：拔节、抽穗、灌浆期。

气象条件的影响：条锈病一般不能越冬，主要为外来病源。冬季气温偏高，土壤墒情好或冬季积雪时间长，次年 3—5 月份降雨多，尤其是早春 1 个月左右的降水多于常年，晚春病害可能大流行或中度流行。

早春中期预测：早春菌源量大，气温回升快，春季关键时期雨水多，可能大流行或中度流行。若春季菌源量中等，关键时期雨水多，将可能发生中度流行甚至大流行。外来菌源量大，则后期流行。

2. 防治措施

防治药物一般用三唑酮（粉锈宁）粉剂或乳油，亩用量 150～200 克。也可用敌力脱（25％乳油）或富力脱（12.5％乳油），亩用量敌力脱 20～30 毫升，富力脱 30～40 毫升，打 1 次可持效 30 天左右。

施药方法：由于小麦条锈病的病原菌主要着生在小麦叶片的背面，故喷药时应以叶片为主，为提高药液在叶面的黏着力，可在配药液时加少量洗衣粉，与药液充分搅匀后喷雾。

1.3.2 白粉病

1. 发生条件及危害

临汾市为白粉病重灾区，被害麦田一般减产 10％左右，严重地块减产 20％～30％，个别地块甚至 50％以上。

盛发期：4 月—5 月下旬。小麦所处生育期：拔节、抽穗、灌浆期。

气象条件的影响：冬季和早春气温偏高，始发期就偏早，0～25 ℃均可发生，15～20 ℃为最适温度，10 ℃以下最缓慢。潜育期在 4～6 ℃时为 15～20 天，8～11 ℃为 8～13 天，14～17 ℃为 5～7 天，19～25 ℃为 4～5 天。气温在 25 ℃以上病情发展受到抵制。干旱少雨不利于病害发生。

2. 防治措施

（1）种植抗病品种。

（2）合理密植，合理施肥。

（3）药物防治。药物防治主要是在秋苗发病重的地块采用药剂拌种，或者在春秋季，田间发病率 3％～5％时（成株期调查以旗叶到旗叶下 2 叶计算发病率），每亩用 20％三唑酮乳油 20～30 毫升或 15％三唑酮可湿性粉剂 50 克，兑水 50～60 千克喷雾，或兑水 30～45 千克常量喷雾。

1.3.3 纹枯病

1. 发生条件及危害

纹枯病在临汾市发病较轻，对产量的影响不大，一般使小麦减产 10％～20％；严重地块减产 50％；个别地块甚至绝收。

盛发期：3 月—4 月上旬。小麦所处生育期：返青、拔节、抽穗期。

气象条件的影响：冬前高温多雨有利于发病，春季气温已基本满足纹枯病发生条件，湿度成发病的主导因子。3—5月的雨量与发病程度密切相关。沙壤土地区重于黏土地区，黏土地区重于碱土地区。小麦播种以后，发芽时若受到病菌侵染，芽鞘变褐，最后腐烂枯死。暖冬年早播麦受害，在出苗后几天内便可造成黄苗、死苗。拔节后病株率明显上升；小麦孕穗抽穗期病情迅速发展，扬花灌浆期病株率达到高峰，病斑扩大，相互连成典型的花秆症状、烂茎，致使主茎和大分蘖常不能抽穗，形成"枯孕穗"，有的抽穗后成为枯白穗、结实少、籽粒秕瘦。

2. 防治措施

（1）加强抗、耐病品种的选育和推广。目前尚无高抗纹枯病品种，但是选用当地丰产性能好，抗（耐）性强的或轻感病的良种，在同样的条件下可降低病情20％～30％，是经济易行的控病措施。

（2）农业防治。及时排除田间积水，降低田间湿度。实行合理轮作，减少播量，控制田间密度，改善田间通风透光条件。

（3）药剂防治。小麦纹枯病的药剂防治应以种子处理为重点，重病田要辅以早春田间接力喷药，可采用两种防治模式，有效控制该病害。对于种植感病品种和早播发病重的麦田，秋播时用三唑酮拌种。如果病虫同时发生可采用与防治麦蚜、黏虫的农药混用，便可达到兼治的目的。

1.3.4 赤霉病

1. 发生条件及危害

小麦赤霉病多发生于小麦穗期湿润多雨的季节。遇连阴雨天气或持续高湿天气都将偏重发生。

盛发期：5—6月。小麦所处生育期：扬花期。

气象条件的影响：充足的菌源、适宜的气象条件与小麦扬花期相吻合，就会造成赤霉病流行。前期主要是影响基物上接种体的产生，后期主要影响原菌的侵入、扩展和发病。气温不是决定病害流行程度变化的主要因素。首先是小麦扬花期的降雨量、降雨日数、和相对湿度是该病流行的主导因素，其次是日照时数。小麦抽穗期以后降雨次数多，降雨量大，相对湿度高，日照时数少是构成穗腐大发生的主要原因，尤其开花—乳熟期多雨、高温，穗腐严重。此外，穗期多雾、多露也可促进病害发生。

2. 防治措施

（1）深耕灭茬。

（2）选用抗耐避病品种。

（3）药剂防治是赤霉病防治的关键。由于气候条件不同，麦株抽穗扬花时期和快慢亦有不同，故施药日期、次数要根据当地气候变化和小麦生育期变化而灵活掌握。施药的时间原则：在抽穗期间天晴、温度高，麦子边抽穗边扬花，在始花期（扬花 10%～20%）施药最好。抽穗期低温、日照少，麦子先抽穗后扬花，在始花期（10%扬花）用药。抽穗期遇到连阴雨，应在齐穗期用药。要抓住下雨间隙进行用药。

1.3.5 全蚀病

1. 发生条件及危害

全蚀病又称立枯病、黑脚病，是一种典型的根部病害，只侵染麦根和茎基部 1～2 节。小麦全蚀病菌是一种土壤寄居菌，该菌主要以菌丝遗留在土壤中的病残体或混有病残体未腐熟的粪肥及混有病残体的种子上越冬、越夏，是后茬小麦的主要侵染源。

气象条件的影响：小麦全蚀病菌好氧气，发育温限为 3～35 ℃，适宜温度为 19～24 ℃，致死温度为 52～54 ℃（温热）。土壤性状和耕作管理条件对全蚀病影响较大。一般土壤土质疏松、肥力低，碱性土壤发病较重。土壤潮湿有利于病害发生和扩展，水浇地较旱地发病重。

2. 防治措施

（1）禁止从病区引种，防止病害蔓延。对怀疑带病种子用 51～54 ℃温水浸种 10 分钟或用有效成分 0.15 托布津药液浸种 10 分钟。

（2）轮作倒茬。实行稻麦轮作或与棉花、烟草、蔬菜等经济作物轮作，也可改种大豆、油菜、马铃薯等，可明显降低发病。

（3）种植耐病品种。

（4）增施腐熟有机肥。提倡施用酵素菌沤制的堆肥，采用配方施肥技术，增加土壤根系拮抗作用。

（5）药剂防治。小麦播种后 20～30 天，每亩使用 15%三唑酮可湿性粉剂 80～100 克另加"半日青"一袋兑水 30 千克，顺垄喷洒，翌年返青期再喷一次，可有效控制全蚀病，并可兼治白粉病和锈病。在小麦全蚀病、根腐病、纹枯病、黑穗病与地下害虫混合发生的地区或田块，可选用 40％甲基异柳磷乳油 50 毫升或 50％辛硫磷乳油 100 毫升，加 20％三唑酮（粉锈宁）乳油 50 毫升和丰宽一袋后，兑水 2～3 千克，拌麦种 50 千克，拌后堆闷 2～3 小时，然后播种。以上措施可有效防治上述病害，兼治地下害虫。

（6）提倡施用"多得"稀土纯营养剂，每亩用 50 克，兑水 20～30 升于生长期或孕穗期开始喷洒，每隔 10～15 天一次，连续喷 2～3 次。

1.3.6　腥黑穗病

1. 发生条件及危害

小麦腥黑穗病和矮腥黑穗病又称腥乌麦、黑麦、黑疸。病症主要表现在穗部，病菌以厚垣孢子附在种子外表或混入粪肥、土壤中越冬或越夏。

气象条件的影响：萌发适温为 16～20 ℃。病菌侵入麦苗温度为 5～20 ℃，最适温为 9～12 ℃。湿润土壤（土壤持水量 40％以下）有利于孢子萌发和侵染。一般播种较深不利于麦苗出土，增加病菌侵染机会，病害加重发生。

2. 防治措施

（1）种子处理：常年发病较重地区用 2‰立克秀拌种剂 10～15 克，加少量水调成糊状液体与 10 千克麦种混匀，晾干后播种。也可用种子质量 0.15％～0.2％的 20％三唑酮（粉锈宁）或 0.1％～0.15％的 15％三唑醇（百坦、羟锈宁）、0.2％的 40％福美双、0.2％的 40％拌种双、0.2％的 50％多菌灵、0.2％的 70％甲基硫菌灵（甲基托布津）、0.2％～0.3％的 20％萎锈灵等药剂拌种和闷种，都有较好的防治效果。

（2）提倡施用酵素菌沤制的堆肥或施用腐熟的有机肥。对带菌粪肥加入油粕（豆饼、花生饼、芝麻饼等）或青草保持湿润，腐熟一个月后再施到地里，或与种子隔离施用。

（3）农业防治。春麦不宜播种过早，冬麦不宜播种过迟。播种不宜过深。播种时施用硫铵等速效化肥做种肥，可促进幼苗早出土，减少被病菌侵染机会。冬麦提倡在秋季播种时，基施长效碳铵 1 次，可满足整个生长季节需要，减少发病。

1.3.7　吸浆虫

1. 发生条件及危害

主要发生平原地区。

盛发期：4 月下旬—5 月上旬。小麦所处生育期：拔节、抽穗、灌浆期。

气象条件的影响：①温度。幼虫耐低温不耐高温，越冬死亡率低于越夏。越冬幼虫在 10 厘米土温 7 ℃时破茧活动，12～15 ℃化蛹，20～23 ℃羽化成虫，温度上升至 30 ℃以上时，幼虫恢复休眠。②湿度。在越冬幼虫破茧活动与上升化蛹期间，雨水多（或灌溉）羽化率就高。湿度高时，不仅卵的孵化率高，且初孵幼虫活动力强，容易侵入要害。小麦扬花前后雨水多、湿度大、气温适宜常会引起吸浆虫的大规模发生。天气干旱、土壤湿度小则对其发生不利。③土壤。壤土的土质疏松、保水力强利于发生。黏土对其生活不利，砂土更不适宜其生活。红吸浆虫幼虫喜碱性土壤，黄吸浆吸虫喜较酸性的土壤。④成虫盛发期与小麦抽穗—扬花期吻合发生重，两期错位则发生轻。

2. 防治措施

除采用调整作物布局，实行轮作倒茬，避免小麦连作，麦茬耕翻曝晒等农业技术措施外，化学防治措施仍是重要的手段。

（1）播前土壤处理。每亩用 3％甲基异柳磷颗粒剂 1.5～2 千克或 3％辛硫磷颗粒剂 1.5～2.5 千克，掺细土 30 千克，拌和均匀后，撒于地表，边撒边耕，翻入土中，或耕后撒在垄头。

（2）幼虫期防治。4 月下旬小麦拔节期，每亩用 5％甲基异硫磷颗粒剂 1.5～2 千克，3％甲拌磷颗粒剂 2～2.5 千克，分别拌细砂土 20 千克，均匀撒于麦垄间土表，结合锄地，将毒土混入表层。

（3）蛹期防治。蛹期是小麦吸浆虫防治的最关键时期。此期麦株已高，施药后要设法将麦叶上的药土弹落至地面。每亩用 3％甲基异柳磷颗粒剂 2.5 千克，均匀拌细土 20 千克，或每亩用 40％甲基异柳磷乳油 200 毫升或 40％辛硫磷乳油 200 毫升加水 5 千克拌细土 25 千克，撒入麦田，随即浇水或抢在雨前施下。

（4）成虫期防治。是控制小麦吸浆虫危害的最后一道防线。应掌握在小麦抽穗—扬花初期，即成虫出土初期施药。每亩可选用 10％吡虫啉可湿性粉剂 10～15 克或 2.5％溴氰菊酯乳油 20～25 毫升，进行常量喷雾。如施药后 24 小时内遇雨，要考虑进行补治。

1.3.8 蚜虫

1. 发生条件及危害

小麦蚜虫俗称油虫、腻虫、蜜虫，是危害小麦的主要害虫之一，可对小麦进行刺吸，影响小麦光合作用及营养吸收、传导。小麦抽穗后集中在穗部危害，形成秕粒，使千粒重降低造成减产。全世界各麦区均有发生。主要危害麦类和其他禾本科作物与杂草，若虫、成虫常大量群集在叶片、茎秆、穗部吸取汁液，被害处初呈黄色小斑，后为条斑，枯萎、整株变枯至死。从发生时间上看，麦二叉蚜早于麦长管蚜，麦长管蚜一般到小麦拔节后才逐渐加重。

气象条件的影响：麦长管蚜喜中温不耐高温，要求相对湿度为40%～80%，而麦二叉蚜则耐30 ℃的高温，喜干怕湿，相对湿度35%～67%为适宜。一般早播麦田，蚜虫迁入早，繁殖快，危害重；夏秋作物的种类和面积直接关系麦蚜的越夏和繁殖。前期多雨气温低，后期一旦气温升高，常会造成小麦蚜虫的大爆发。

2. 防治措施

（1）农业防治。①合理布局作物，冬、春麦混种区尽量使其单一化，秋季作物尽可能为玉米和谷子等。②选择一些抗虫耐病的小麦品种，造成不良的食物条件。播种前用种衣剂加新高脂膜拌种，可驱避地下病虫，隔离病毒感染，不影响萌发吸胀功能，加强呼吸强度，提高种子发芽率。③冬麦适当晚播，实行冬灌，早春耙磨镇压。作物生长期间，要根据作物需求施肥、给水，保证氮磷钾肥和墒情匹配合理，以促进植株健壮生长。雨后应及时排水，防止湿气滞留。在孕穗期要喷施壮穗灵，强化作物生理机能，提高授粉、灌浆质量，增加千粒重，提高产量。

（2）药剂防治。①种子处理：60%吡虫啉格猛FS、20%乐麦拌种，以减少蚜虫用药次数。②早春及年前的苗蚜，使用25%大功牛和除草剂一起喷雾使用。③穗蚜使用25%大功牛噻虫嗪颗粒剂和5%瑞功微乳剂混配或单独用。

1.3.9 红蜘蛛

1. 发生条件及危害

红蜘蛛俗名火龙、赤蛛、火蜘蛛，属蛛形纲、蜱螨目，危害临汾市小麦的红蜘蛛有麦长腿蜘蛛和麦圆蜘蛛两种。麦长腿蜘蛛每年发生 3～4 代，完成 1 个世代需 24～46 天，平均 32 天。麦圆蜘蛛每年发生 2～3 代，完成 1 个世代需 46～80 天，平均 57.8 天。两者都是以成虫和卵在植株根际和土缝中越冬，翌年 2 月中旬成虫开始活动，越冬卵孵化，3 月中下旬虫口密度迅速增大，危害加重，5 月中下旬麦株黄熟后，成虫数量急剧下降，以卵越夏。10 月上中旬，越夏卵陆续孵化，在小麦幼苗上繁殖为害，12 月以后若虫减少，越冬卵增多，以卵或成虫越冬。

气象条件的影响：麦长腿蜘蛛喜温暖、干燥，最适温度为 15～20 ℃，最适宜相对湿度在 50％以下，因此，多分布在平原、丘陵、山区麦田，一般春旱少雨年份活动猖獗。每天日出后上升至叶片为害，以 09—16 时较多，其中又以 15—16 时数量最大，20 时以后即退至麦株基部潜伏。对大气湿度较为敏感，遇小雨或露水大时即停止活动。麦圆蜘蛛喜阴湿，怕高温、干燥，最适温度为 8～15 ℃，适宜相对湿度在 80％以上，多分布在水浇地或低洼、潮湿、阴凉的麦地，春季阴凉多雨时发生严重。在一天内的活动时间与麦长腿蜘蛛相反，主要在温度较低和湿度较高的早晚活动，以 06—08 时和 18—22 时为活动高峰，中午阳光充足，高温干燥，移至植株基部潜伏。气温低于 8 ℃时很少活动。

2. 防治措施

（1）农业防治。①灌水灭虫。在红蜘蛛潜伏期灌水，可使虫体被泥水黏于地表而死。灌水前先扫动麦株，使红蜘蛛假死落地，随即放水，收效更好。②精细整地。早春中耕，能杀死大量虫体；麦收后浅耕灭茬，秋收后及早深耕，因地制宜进行轮作倒茬，可有效消灭越夏卵及成虫，减少虫源。③加强田间管理。一要施足底肥，保证苗齐苗壮，并要增加磷钾肥的施入量，保证后期不脱肥，增强小麦自身抗病虫害能力。二要及时进行田间除草，对化学除草效果不好的地块，要及时采取人工除草办法，将杂草铲除干净，以有效减轻其危害。实践证明，一般田间不干旱、杂草少、小麦长势良好的麦田，小麦红蜘蛛很难发生。

（2）化学防治。通过多年田间应用试验，防治红蜘蛛最佳药剂为绿禾宝麦霸乳油 2000～3000 倍液、1.8％阿维菌素 3000 倍液、20％扫螨净可湿性粉剂 3000～4000 倍液，防治效果达 80％以上。防治效果最差的为氧化乐果，仅为 60％左右。

1.3.10 地下虫害

1. 发生条件及危害

小麦地下害虫是危害小麦地下和近地面部分的害虫，包括蝼蛄、蛴螬、金针虫三种，主要咬食种子、幼苗根部、近地面的茎部。秋季为害会造成小麦缺苗、断垄，春季为害会导致枯心苗，使植株提前枯死。

蝼蛄。蝼蛄危害小麦的时间是从播种开始直到第二年小麦乳熟期，它在秋季危害小麦幼苗，成虫或若虫咬食发芽种子和咬断幼根嫩茎，或咬成乱麻状使苗枯死，并在土表穿行活动成隧道，使根土分离而缺苗断垄。危害重者造成毁种重播。

蛴螬。幼虫危害麦苗地下分蘖节处，咬断根茎使苗枯死，危害时期有秋季 9—10 月和春季 4—5 月两个高峰期。蛴螬冬季在较深土壤中过冬，第二年春季气温回升，幼虫开始向地表活动，到 13～18 ℃时，即为活动盛期，这时主要危害返青小麦和春播作物。老熟幼虫在土中化蛹。成虫白天潜伏于土壤中，傍晚飞出活动，取食树木及农作物的叶片。雌虫把卵产在 10 厘米左右深土中，孵化后幼虫危害作物的根部。一年发生 1 代。以成虫或幼虫越冬。如越冬幼虫多，第二年危害就重。

金针虫。幼虫咬食发芽种子和根茎，可钻入种子或根茎相交处，被害处不整齐呈乱麻状，形成枯心苗以致全株枯死。幼虫在 9 月下旬—10 月上旬开始危害秋播小麦，10 月下旬越冬。第二年的 4 月中旬危害最重，4 月中旬，麦苗被害率 3%。

2. 防治措施

（1）农业防治。地下害虫一生都生活在土壤里，尤以杂草丛生、耕作粗放的地区发生重而多。因此，应采用一系列农业技术措施，如精耕细作、轮作倒茬、深耕深翻土地，适时中耕除草、合理灌水以及将各种有机肥充分腐熟发酵等，可压低虫口密度，减轻为害。

（2）化学防治。①土壤处理。在多种地下害虫混合发生区或单独严重发生区要采用土壤处理进行防治。为减少土壤污染和避免杀伤天敌，应提倡局部施药和施用颗粒剂。每亩用 5%甲基异柳磷颗粒剂 1.5～2 千克，或 3%辛硫磷颗粒剂 2～2.5 千克于耕地前均匀撒施地面，随耕翻入土中。也可用 40%甲基异柳磷乳油或 50%辛硫磷乳油，每亩用量 250 毫升，加水 1～2 千克，拌细土 20～25 千克配成毒土施用。②药剂拌种。对地下害虫一般发生区，可采用药剂拌种的方法进行防治。种子处理常用的药剂有 50％辛硫乳油、40％乐果乳油。用药量为种子质量的 0.1％～0.2％，播种时先用种子质量的 5％～10％的水将药剂稀释，用喷雾器均匀喷于种子上，堆闷 6～12 小时，使药液充分渗透到种子内即可播种。应严格控制药量，以免药剂伤种子，影响出苗率。③麦出苗后，选择有代表性的地片调查，当死苗率达到 3％时，立即施药防治。撒毒土：每亩用 5％辛硫磷颗粒剂 2 千克，或 3％辛硫磷颗粒剂 3～4 千克，或 2％甲基异柳磷粉剂 2 千克，兑细土 30～40 千克，拌匀后开沟施，或顺垄撒施后接着划锄覆土，可以有效地防治蛴螬和金针虫。撒毒饵：用麦麸或饼粉 5 千克，炒香后加入适量水和 40％甲基异柳磷拌匀后于傍晚撒在田间，每亩 2～3 千克，对蝼蛄的防治效果可达 90％以上。

2 春玉米

2.1 生长发育期气象指标

2.1.1 播种—出苗期（4月下旬—5月上旬）

1. 适宜的气象条件

（1）春玉米种子发芽的最适宜温度为 25～35 ℃，最低温度为 8～10 ℃，一般日平均气温需达到 12 ℃以上。

（2）播种时，耕作层土壤相对湿度要求达到 60%～70%。

（3）5～10 厘米地温稳定在 10～12 ℃时为适播期。一般播种后日平均气温 10～12 ℃时，18～20 天出苗；15～18 ℃时，8～10 天出苗；20 ℃时，5～6 天出苗。

2. 不利的气象条件

（1）日平均气温低于 8～10 ℃可能造成粉种。

（2）土壤相对湿度低于 40% 或高于 80% 将会造成炕种，种子迟迟不能发芽，往往会发生坏种，造成缺苗断垄或大面积毁种。

（3）土壤相对湿度高于 80% 将会造成发芽不良，易烂种。

3. 管理措施

（1）深耕改土，精细整地。一是采用前犁后套或前犁后锄的办法逐年深翻，增施有机肥；二是采用黏土掺沙，沙土充黏土的办法改良土壤；三是玉米与豆科作物轮作或间、套种，提高土壤肥力。

（2）提高播种质量。①因地制宜，选用良种。播前种子处理：晒种、浸种、药剂拌种、包衣剂处理等。②抢时早播。麦垄套种、铁茬播种。③播种量。一般条播、犁种 4～5 千克，机播或耧播 3～4 千克，点播 2～3 千克。④播种深度。适宜的播种深度，是根据土质、墒情和种子大小而定，一般以 5～6 厘米为宜。

（3）施足基肥。采用先淋水粪垫底，播种后用堆肥或猪栏粪盖种，具有防旱、防寒作用，是全苗、壮苗的有效措施之一。

（4）适时早播，一播全苗。在适宜播种期范围内争取早播，并精选种子，采用浸种、药剂和种衣剂拌种等方法搞好种子处理，争取一播全苗。

（5）合理密植，力争高产。

2.1.2 苗期 (5月中旬—6月下旬)

生长特点是以根系生长为中心，同时增加叶片，分化茎节。

1. 适宜的气象条件

（1）苗期最适宜的温度为 18～20 ℃，茎叶生长的适宜温度 21～26 ℃，根系生长的适宜土壤温度 5 厘米地温 20～25 ℃。

（2）适宜的土壤相对湿度为 60%～75%，蹲苗时土壤相对湿度为 55%～60%。

（3）出苗—拔节（苗期）占总需水量的 30.7%，天数 8 天，每亩日平均需水量 0.94 米^3。

2. 不利的气象条件

（1）幼苗期遇到 2～3 ℃低温影响正常生长。

（2）短时气温低于 -1 ℃，幼苗受伤，低于 -2 ℃，死亡。

（3）低于 4～5 ℃根系停止生长。

（4）高于 40 ℃时，茎叶生长受抑制。

3. 管理措施

（1）苗期的生长特点及管理任务

玉米从出苗到拔节这一阶段为苗期，春玉米苗期一般经历 40～45 天。玉米苗期是以生根、分化茎叶为主的营养生长阶段。该时期的主要特点是：地上部分生长缓慢，根系生长迅速，是生长中心。此阶段田间管理的中心任务是适当控制地上茎叶的生长，积极促进根系生长，即促下控上根系生长，培育壮苗，形成高低一致、大小均匀、敦实健壮、根系发达、茎鞘基扁、叶色深绿的群体长势，为高产打下基础。

（2）苗期管理的主要措施（保证苗全、苗齐、苗壮）

一是查苗、补苗。玉米在播种出苗过程中，常由于种子发芽率低，或因漏播、种子落干、坷垃压苗、雨后表土板结以及地下害虫及鸟害等原因，造成缺苗。所以玉米出苗后，应立即进行查苗，缺苗较多时，要进行补种，补种的种子采用浸种催芽的方法，促使提早出苗。如补种的玉米赶不上原播幼苗时，可采用移苗补栽的办法。补栽苗龄以 2～4 叶期为宜。越早越易成活，但补栽苗一般应比缺苗田的幼苗多 1～2 片叶。最好在下午或阴天带土移栽，以利返苗，提高成活率。移苗前可在预备苗的根际浇一些水，再用小铲等工具将苗带土掘起，以防起苗时根总土壤脱落，然后将苗栽入预先在缺苗处挖好的穴中。栽后浇水，待水下渗入土中，再覆土至幼苗基部白绿色部分处。成活后追施少量速效化肥，并进行松土，促苗生长。

二是间苗、定苗。适时进行间苗、定苗可以避免幼苗拥挤，相互遮光，节省土壤养分和水分，有利于培育壮苗。间苗、定苗的时间，一般以 3～4 片叶进行为宜。由于玉米在三叶期前后正处于"断奶"期，要求有良好的光照条件，以制造较多的营养物质，供幼苗生长。如果幼苗期过分拥挤，株间根系交错，争水争肥，不但影响光合作用，而且也易发生"苗荒"，导致减产。但在干旱、虫害较重的地区，为保证全苗，在 3～4 片叶时间苗，剔除拥挤在一起的弱苗和劣苗，适当把定苗时间推迟到 5～6 片叶时进行。

间苗、定苗应在晴天下午进行。由于病苗、虫咬苗以及生育不良的苗，经中午日晒后易发生萎蔫，便于识别淘汰。对那些苗矮叶密，下粗上细而弯曲，叶色黑绿的丝黑穗病侵染的病苗，应彻底拔除。定苗时应尽量留叶数相当，高矮、粗细一致的壮苗。为了保证群体整齐，定苗时可拔除所有弱苗，如形成空穴，可在相邻穴留双株补齐。

三是中耕除草。中耕是玉米田间管理的一项重要工作，其作用在于疏松土壤，保墒散湿，提高地温，消灭杂草，减少水分和养分的消耗，促进土壤微生物活动，满足玉米生长发育要求。

玉米苗期中耕，一般可进行二三次。定苗以前，幼苗矮小，进行第一次中耕时，要避免压苗，苗旁宜浅，行间宜深，中耕深度以 3～5 厘米为宜。此时行间深中耕虽会切断部分细根，但可促进新根发生，控制地上部分生长。套种玉米苗期土壤比较板结，麦收后应在麦苗行间深刨或侧除，去掉麦茬，破除板结，使幼苗由弱转壮。

化学除草省工、高效、增产效果较好，近年来在我国玉米生产中逐步得到应用。常用的除草剂有 40% 的阿特拉津胶悬剂，亩用量 0.15～0.30 千克，加入 2，4-D 丁酯 50～70 克一次混喷，亩用水 20～25 千克，在 3～4 叶（最晚不过 5 叶）喷施。或用 72% 的杜尔乳剂在播后苗前（或播前）喷施，亩用量

0.17～0.27 千克，兑水 15～20 千克，出苗后 3 叶配合喷 2，4-D 丁酯，亩用量 30～50 克，此药可杀伤双子叶杂草。

四是蹲苗促壮。玉米苗期根系生长较快，为了促进根系向纵深发展，形成强大根系，为玉米后期生长奠定良好基础，苗期在底墒充足的情况下，控制灌水，进行蹲苗。蹲苗应从出苗开始到拔节前结束。蹲苗时应掌握"蹲黑不蹲黄、蹲肥不蹲瘦、蹲干不蹲湿"的原则，套种玉米播种生长条件较差，苗势较弱，一般不进行蹲苗，而应在麦收后抓紧进行施肥浇水，尽早管理，促弱转壮。

五是追肥。夏玉米因免耕播种，多数不施底肥，主要靠追肥。苗期应将所需的磷肥、钾肥一次施入，施用时间宜早。据研究，磷肥在 5 叶前施入效果最好，推迟施用增产效果明显降低，因此，磷肥、钾肥和有机肥应在定苗前后结合中耕灭茬尽早施入。对地力较差、长势较弱的玉米田，定苗后可施少量氮肥作提苗肥，促使形成壮苗，并要大苗少施，小苗多施，使全田生长一致。

玉米苗期的营养状况可通过营养诊断进行判断。一般亩产 500 千克左右的高产田，拔节期玉米叶片中氮含量应为 3.70%～3.76%，氧化磷含量为 0.52%～0.66%，氧化钾为 2.25%～3.13%。如果叶片中某元素含量低于适宜浓度，则表明缺乏，应尽快补施。苗期植株体内含锌量低于 15～20 ppm 时，表明缺锌，可用 0.1%～0.2%的硫酸锌溶液叶面喷施。

2.1.3 拔节—孕穗期（6月下旬—7月上旬）

以长穗为中心，营养生长与生殖生长旺盛并进，到抽穗前全部叶片已伸出，茎秆生长快，根系深扎，地上部分出支持根，雌雄穗先后分化形成。

1. 适宜的气象条件

（1）当日平均气温达到 18 ℃以上时，植株开始拔节。

（2）幼穗分化最适宜温度 24～26 ℃，最低温度 18 ℃，最高温度 38 ℃。

（3）适宜的土壤水分为田间持水量 70%左右，土壤含水量 17%以上。

（4）每天日照时数为 7～10 小时。

（5）拔节后候降水量在 30 毫米以上，需水量占总需水量的 23.4%～29.6%。候平均气温 25～27 ℃是茎叶生长的适宜温度。

（6）雌穗发育的适宜温度为 17 ℃，雄穗发育的适宜温度为 10 ℃。

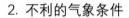

2. 不利的气象条件

（1）日平均气温低于 10～12 ℃，茎秆停止生长。

（2）日平均气温超过 32 ℃，生长速度减慢。土壤含水量低于 15％易造成雌穗部分不孕或空杆。

（3）日平均温度在 10 ℃时，雄穗花瘪，17 ℃时，雌穗分化停止。

3. 管理措施

（1）穗期的生长特点及管理任务

拔节到抽雄称为玉米的穗期，一般经历 25～35 天。此阶段玉米营养生长迅速，生殖器官强烈分化，是玉米一生中生长最旺盛的时期。本期末玉米的根干重达到最大值，茎叶生长基本停止，雌雄穗分化基本结束。此期由于玉米生长发育快，对水分养分的需要量较大，平均日耗水量 3～5 米³/亩。水分不足时，会引起雌穗小穗分化减小，小花大量退化，造成穗粒数减少。雄穗抽不出，影响授粉受精。氮、磷、钾此阶段的吸收量分别占总吸收量的 52％、50％和 72％。此阶段田间管理的中心任务就是合理运筹肥水，协调营养生长和生殖生长的矛盾，培育健壮植株，达到穗大粒多，为后期玉米高产打下良好基础。

（2）穗期主要管理措施

①追肥。穗期是玉米一生中吸收养分最快、最多的时期，也是玉米追肥的主要时期，由于农家肥，磷、钾肥都已经作底肥或苗肥施入。因此穗期追肥主要是氮肥。

玉米穗期追肥一般是进行两次，第一次在拔节期，第二次在大喇叭口期，两次追肥的比例以产量而定。亩产 300 千克左右的中产田，由于地力较差，为了促进幼苗迅速生长，形成较大的光合作用面积，拔节肥应重施，施肥量应占总追肥量的 70％做左右，其余 30％的肥料在大喇叭口期施入，即采用前重后轻施肥法。亩产 500 千克以上的高产田，土壤肥力较高，施肥量也较大，为了使玉米稳健生长，提高肥料利用率，可采用前轻后重施肥法，即拔节期追肥总量的 30％～40％，大喇叭口期追肥 60％～70％。

氮素化肥应深施。根据研究，在亩产 300～370 千克时，各种氮肥均以深施 9.9 厘米效果最好，比地表撒施平均增产 14％。各种肥料中，以氨水、碳铵挥发性很强的氮肥深施效果好。深施肥可减少肥料的挥发损失，有利于根系的吸收。但施肥过深时会因为肥料远离根系，而使增产效果降低，一般要求拔节肥施于行侧距植株 8~10 厘米处，穗肥施在距植株 15~20 厘米处，深度以 10~16 厘米为好。早期施的浅一些，中后期可以适当深一些。

施肥应与灌水相结合，可使肥效显著提高。

②浇水。穗期玉米生长旺盛，加之气温较高，蒸腾蒸发量较大，需水量较多，降雨不足的地区，应及时灌水，保证玉米对水分的需求。大喇叭口期为雌穗小花分化阶段，对水分反应十分敏感，水分缺乏会引起"卡脖子旱"，使雌穗小花减少，造成雌雄不协调，影响正常授粉，导致秃顶缺粒，使穗粒数减少。因此，穗期应结合追肥进行灌水，水量应掌握拔节水轻浇、攻穗水重浇，使土壤含水量维持在田间持水量的 70%~80%。

③中耕培土。穗期中耕，可疏松土壤，消除杂草，有利于蓄水保墒，促进根系发育。穗期中耕一般进行两次，拔节前后结合追肥浇水可进行一次深中耕，深度以 5~7 厘米为宜，玉米封行前，可结合重施攻穗肥进行一次浅中耕，深度 2~3 厘米。中耕时，一般行间深一些，根旁浅一些，以防伤根。

培土由于增厚了玉米根部土层，有利于次生根的发生和伸展，同时有利于灌溉和排水。另外，有追肥后结合中耕进行培土还有提高肥效的作用。培土宜在拔节后进行，高度 10 厘米左右，在干旱地区不宜培土，因培土增加了水分蒸发，不利于玉米生长，而在多雨潮湿的地区及地下水位较高或风多易倒伏地区，培土增产效果好。

2.1.4 抽穗开花期（7月中旬—8月上旬）

1. 适宜的气象条件

（1）最适宜的温度是日平均气温为 25~28 ℃，最低温度为 18 ℃，最高温度 30 ℃。

（2）空气的相对湿度以 70%~90% 为宜。土壤相对湿度以 70%~85% 为宜。

（3）每天日照 8~12 小时有利于玉米提早抽穗开花。

（4）抽雄前 10 天至后 20 天，需水量 270 毫米适合有机质合成，转化和输送的温度是 20~22 ℃。

（5）需水量占总需水量的 13.8%~27.8%。

2. 不利的气象条件

（1）日最高气温高于 35 ℃，或低于 18 ℃，空气相对湿度低于 50%，土壤含水量低于 60%，易造成花粉不能开裂散粉。

（2）日平均气温高于 24 ℃，阴雨或气温低于 18 ℃，将造成授粉不良。大气相对湿度低于 50% 的高温干燥条件下，雄穗不能抽出，或花粉迅速干瘪而丧失生命力，造成空穗或秃顶。

（3）气温大于 30 ℃，空气相对湿度小于 60%，开花甚少，气温大于 32 ℃花粉粒 1～2 小时即丧失活力。相对湿度低于 30% 或高于 95%，花粉就会丧失活力，甚至停止开花。

3. 管理措施

此阶段的中心任务是为玉米授粉创造良好的环境条件，增加授粉率。

（1）去雄。应在雄穗刚抽出时还未撒粉时进行，有利于取掉雄穗的顶端优势，调节养分，促使雌穗发育好。

（2）人工授粉。人工授粉是减少秃顶缺粒的有效措施，开花授粉遇到天气不良时，进行人工授粉增产效果明显。

此阶段时间较短，其他管理措施参考灌浆—成熟期。

2.1.5　灌浆—成熟期（8 月中旬—9 月下旬）

1. 适宜的气象条件

（1）灌浆阶段最适宜的温度条件是 22～24 ℃，有利于有机质的合成和果穗籽粒运转。其速度为 79 克/日/千粒，快速增重期适宜温度为 20～28 ℃，速度为 76 克/日/千粒，要求积温在 380 ℃·天以上。

（2）最适宜灌浆的土壤相对湿度为 70%～80%。土壤含水量不低于 18%，需水量占总需水量的 19.2%～31.5%。

（3）最适宜灌浆的光照条件是每日日照时数为 7～10 小时。

2. 不利的气象条件

（1）日平均气温 16 ℃是灌浆的界限温度。

（2）日平均气温高于 25～30 ℃，则呼吸消耗增强，功能叶片老化加快，籽粒灌浆不足。

（3）遇到 3 ℃的低温，即完全停止生长，影响成熟和产量。

（4）持续数小时的 −2～3 ℃ 的霜冻，会造成植株死亡。

（5）在籽粒灌浆成熟时期，日平均气温超过 25 ℃或低于 16 ℃，均影响酶活动，不利于养分积累和运转。

3. 管理措施

此期绿叶面积的多少，根系活力的强弱，土壤水分、施肥是否充足，光照、温度是否适宜对玉米籽粒的增重影响很大。因此，花粒期田间管理的中心任务是养根护叶、防止早衰，延长灌浆时间，提高灌浆强度，促进籽粒干物质积累，提高粒重。

2.2　生育期内长势不良的各种现象

2.2.1　僵种烂芽的现象

播种过早：在气温和地温都在 10 ℃ 以下时就播种，迟迟不能发芽出苗，即使出苗叶容易冻死。播种过深：播种深度达 14 厘米以上，种子不发芽，即使发芽叶顶不出土。土壤含水量过大，空气不足，特别是播后下大雨。使用种肥不适当。

防治措施：整平地面，开好沟，保证土壤有足够的水分、空气；适时播种；播前晒种，不用化肥拌种，施种肥注意与种子隔离；雨后土壤板结，应及时松土破壳；播种深浅适宜，一般以 5.0～6.7 厘米为宜。

2.2.2　田间缺苗断垄现象

玉米播种后，常因为天旱、土壤墒情不足，或雨后土壤板结，或种子本身质量太差造成缺苗断垄。

玉米发生缺苗断垄应根据不同情况采取不同的应变措施。一是由土壤墒情不足而引起的缺苗断垄，应浇灌跑马水，增墒保湿；二是雨后土壤板结引起缺苗断垄的应在土壤稍干后立即进行中耕松土，增加土壤透气性，以利于出苗；三是因未出土种子发生烂种、烂芽、霉烂等失去活力的，就应该移栽或补种；四是对缺苗在 30% 以下的，应选择比一般苗大 1～2 叶片的壮苗，带土移栽并浇稀粪水肥，以利于活并赶上早苗，移苗补栽的苗龄 3～5 叶期均可，但愈早移愈易成活；五是缺苗在 30%～70% 的，应抓紧催芽补种，足墒补种；六是缺苗 80% 以上的应毁苗重种。

2.2.3　红苗和白苗现象

玉米苗变红，主要是因为植株体内缺少磷素，影响营养物质的转化，使叶片积累了多量的糖分，叶绿素减少，花青素增多。缺少磷素的原因主要是土壤中有碱，或幼苗遇到低温、水涝，根系吸收能力减弱。发现玉米苗变红应立即查明原因，及时采取措施，如追施氮、磷肥，并配合开沟排水、中耕松土、提高地温，防止返碱。

玉米白苗，是因为植株体内没有叶绿素，也叫缺绿病，是一种遗传病。白苗由于不能制造养料，待种子内养分消耗完毕后就死亡。所以在间苗期间应拔除白苗。

2.2.4 "窜苗"现象

玉米在苗期和拔节期，生长旺而不壮的现象称为"窜苗"。造成窜苗的主要原因是遮光。例如播种过密，或下种不匀，又不及时间苗、定苗，造成的植株拥挤，影响通风透光，如果遇到长期阴雨和施肥不当，就会使植株长成节间细长，组织柔嫩多汁，这样的植株就很容易倒伏。同时，窜苗以后还会影响幼穗分化，使果穗变小，空秆增多，产量降低。

防止窜苗的根本措施是合理密植，均匀播种，及时间苗、定苗，减少株间荫蔽，以及勤中耕松土，促进根系发育，使植株生长健壮。

2.2.5 植株出现空秆现象

玉米空秆，是指植株不能产生有效果穗的现象。空秆的原因很多，除少数植株由于腋芽不能分化雌穗外，大多数是由于水、肥供应不足，或通风透光不良，造成体内营养物质缺乏，使幼穗不能分化或中途停止分化。其次，病虫害也能造成空秆，因为病虫能向植株夺取养料，或直接破坏雌穗。

防止空秆的措施：因地制宜地选用品种，实行合理密植，做好水、肥管理，加强病虫害防治以及进行人工辅助授粉。

2.2.6 果穗发生秃顶、缺粒现象

秃顶是果穗顶端未结籽粒，缺粒是果穗的籽粒行中有少数没有长成，也叫"稀粒"。秃顶和缺粒主要是由于花丝没有授粉。未能授粉的原因有以下几个：一是开花时遇到高温干旱，使抽丝时间延迟，当雌穗抽丝时，雄花大量散粉的时间已过，特别是果穗顶部的花丝抽出较迟，更不容易授粉；同时高

温干旱，也使花粉寿命缩短；二是开花期遇到连日下雨，花粉遇水结团或吸水胀破，减少了花丝授粉机会；三是在种植过稀或面积过小时，由于花粉数量少，往往授粉不足；四是品质混杂，有的品种雄穗分枝少，花粉也减少；或不同品种间雌雄穗开花间隔时间过长，花丝得不到花粉受精，因而秃顶较多。此外，栽培措施不当植株营养不足或受旱，果穗顶部雌花受精后未能发育，也会造成秃顶。

防止秃顶、缺粒的主要措施：进行人工辅助授粉，抽雄开花时，若遇干旱，要进行灌溉，追施抽雄肥或粒肥。

2.2.7　倒伏现象

风害是玉米倒伏的主要外因。在下雨和灌水之后，如遇强风，很容易造成玉米大面积倒伏和茎折。倒伏后的玉米茎叶重叠，影响叶片对光能的吸收和利用，而茎折的玉米，茎秆内养分和水分的运输功能受到破坏，影响器官发育。倒伏不但降低产量，而且影响田间管理和机械化收获。

防止和减轻玉米倒伏的措施：一是选用植株较矮、茎秆韧性强、叶片上冲助抗倒品种。这种品种敦实粗壮，承风面小，抗倒伏能力强。二是合理密植，前期适时蹲苗，控制肥水，改善通风透光条件，使玉米茎秆发育健壮。三是对高产玉米田和缺钾田，每亩施用 7～10 千克钾肥，可以增强抗倒伏能力。四是顺风向成行种植。这种方法简便易行，对风害有一定的减缓作用。

2.2.8　后期早衰现象

玉米从拔节到授粉期为营养生长和生殖生长并进期，此时玉米茎叶和雌穗吸收养分的绝对量和积累速度达到高峰，根系需要从土壤中吸收大量的养分，以保证形成穗大粒多的需要。从授粉到成熟期为籽粒形成期。根系在授粉后仍需要从土壤中缓缓地吸收水分，以满足籽粒的灌浆的需要。如果穗肥用量不足，或土壤保肥能力不强，流失过大，土壤供肥不足，玉米后期必然发生早衰，影响后期籽粒灌浆，导致粒重下降而减产，另外，即使施了穗肥，但因高产需肥较多，到后期仍然可能出现脱力早衰。出现早衰后，叶色褪淡，后期叶片功能下降，影响籽粒灌浆，致使粒重下降。防早衰措施有增施粒肥，进行根外喷肥。

2.3　主要农业气象灾害

2.3.1　初夏旱

5月下旬—6月上中旬是夏玉米的播种期，此期若出现初夏旱（指标：5月下旬—6月中旬的三个旬中，每旬雨量均小于30毫米，且总雨量小于50毫米），会造成夏玉米晚播或出苗不好，从而导致减产。

2.3.2　卡脖旱

7月下旬—8月中旬是夏玉米孕穗、抽穗及开花的时期，也是夏玉米一生中需水最多的时期，此期若出现干旱（俗称卡脖旱），会影响玉米抽雄吐丝，从而形成大量缺粒与秃顶，并使灌浆过程严重受阻，产量明显降低。

2.3.3　花期阴雨

7月下旬—8月中旬的总雨量若大于200毫米，或8月上旬的雨量大于100毫米，就会影响夏玉米的正常开花授粉，造成大量缺粒与秃尖。

2.3.4　苗期连阴雨

从玉米小芽露出地面到三叶期时，玉米苗就不再靠种子提供的养分生长，而是从自身光合作用合成的有机物质获取养分。这一时期，充足的阳光有利于培育壮苗，若遇连阴雨天气（连续降雨大于5天），玉米小苗会因养分供给"断绝"，产生"饥饿"而弱黄或死亡。如果这一时段降雨量大于100毫米，土壤透气性变差，根系无法再从土壤中吸收养分，对玉米小苗就更为不利。

2.3.5　拔节—抽穗期连阴雨

玉米拔节—抽穗期，是玉米从营养生长过渡到生殖生长的阶段，这一阶段是玉米秆长高、长壮、长粗，吸收养分的关键时期。充足的阳光对玉米多成粒、成大穗十分重要。若此期出现大于10天的连阴雨天气，玉米光合作用减弱，玉米秆呈"豆芽形"，很瘦弱，常会出现空杆。

2.3.6　雹灾

（1）玉米在发芽出苗期遭受雹灾，容易造成土壤板结，地温下降，通气不良，影响种子发芽和出苗等，灾后应及时疏松土壤，以利增温通气。

（2）在玉米拔节到抽雄前，特别是大喇叭口期以前，雌雄穗和部分叶片尚未抽出时遭受雹灾，只要未抽出的叶子没有受损伤，且残留根茬，应及时中耕、施肥，加强田间管理，一般仍可获得一定收成。

（3）玉米抽穗后遭受雹灾，植株恢复生长的能力变差，对产量影响较大。据调查，凡被冰雹砸断穗节的玉米，则不能恢复生长；如果穗节完好，应及时加强管理，促进植株恢复生长，减少产量损失。

2.3.7　风灾

七八月份，常常出现狂风暴雨天气，造成玉米倒伏或茎折。

（1）对成熟前倒伏或茎折的玉米，应及时扶起，以免相互倒压，影响光合作用。

（2）对于倒折的玉米，如果只是根倒，将植株扶正即可；如果是茎折，应将数株捆在一起，使植株相互支持。

2.3.8　涝灾

玉米是一种需水量大而又不耐涝的作物，当土壤湿度超过田间持水量的 80% 以上时，植株的生长发育即受到影响，尤其是在幼苗期，表现更为明显。玉米生长后期，在高温多雨条件下，根系常因缺氧而窒息坏死，活力迅速衰退，造成植株未熟先枯，对产量影响很大。据调查，玉米在抽雄前后一般积水 1～2 天，对产量影响不太明显，积水 3 天减产 20%，积水 5 天减产 40%。

（1）对于遭受涝灾的玉米，要及时排除田间积水，降低土壤和空气湿度，促进植株恢复生长。

（2）当能正常下田时，应及时进行中耕、培土，以破除板结，防止倒伏，改善土壤通透性，使植株根部尽快恢复正常的生理活动，及时增施速效氮肥，加速植株生长，减轻涝灾损失。

2.4 病虫害及防治

2.4.1 青枯病

1. 特征描述

玉米乳熟末期至蜡熟期为青枯病的显症高峰期，多数叶片由下而上表现青枯症状，也有在乳熟期整株叶片突然出现青灰色、枯萎的早死现象为急性症状。植株茎基部先发黄变褐，后变软，根系发育不良，根少而短，根和茎基部呈水渍状腐烂，果穗常下垂。茎基髓部因病原不同可见红色粉状霉（镰刀菌）或白色绒毛状霉（腐霉菌）。

2. 防治方法

（1）种植抗病品种。

（2）合理密植。

（3）加强栽培管理，合理施肥，避免偏施氮肥，注意雨季排除积水。分期培土，及时中耕松土，避免各种损伤。

（4）及时拔除重病折倒病株，收获后及时清除田间病残植株，深翻深埋或集中烧毁，可避免病害传播，并减少侵染来源。

（5）茎基部发病时可及时将四周的土扒开，降低湿度，减少侵染，待发病盛期过后再培好土。

2.4.2 小斑病

1. 特征描述

玉米从幼苗到成株期均可造成较大损失。以抽雄、灌浆期发病，病斑主要集中在叶片上，一般先从下部叶片开始，逐渐向上蔓延，病斑初呈水浸状，后变为黄褐色或红褐色，边缘色泽较深，病斑呈椭圆形、近圆形或长圆形，大小为 10～15 毫米×3～4 毫米，有时病斑可见 2～3 个同心轮纹。

2. 防治方法

（1）选用高抗性品种，可有效减轻小斑病的发生危害。

（2）加强栽培管理，在拔节及抽穗期追施复合肥，促进健壮生长，提高植株抗病力。

（3）清洁田园，将病残体集中烧毁，减少发病来源。

（4）药剂防治，发病初期用50％"多菌灵"可湿性粉剂500倍液，或65％"代森锰锌"可湿性粉剂500倍液，或70％"甲基托布津"可湿性粉剂500倍液，或75％"百菌清"可湿性粉剂800倍液，或"农抗120"水剂100～120倍液喷雾。从心叶末期到抽雄期，每7天喷1次，连续喷2～3次。

2.4.3　大斑病

1. 特征描述

以浸染叶片为主，也浸染叶鞘和苞叶。发病初期，叶上出现水浸状青灰色斑点，以后逐渐沿叶脉向两端扩展，形成中央黄褐色、边缘褐色的梭形大斑，大的可达15～20厘米×1～3厘米。湿度大时，病斑在叶正反两面产生大量灰黑色霉层，即病菌的分生孢子梗和分生孢子，病斑能结合连片，使植株早期枯死。

2. 防治方法

（1）选用高抗性品质，可有效减轻小斑病的发生为害。

（2）清除田间病残体，集中烧毁，或深耕深翻，压埋病原。

（3）加强田间管理，增施有机肥，注意排灌，降低田间湿度，促使玉米健壮生长，增强抗病力。

（4）化学防治。用50％"多菌灵"可湿性粉剂500倍液，或50％"退菌特"可湿性粉剂800倍液，或80％"代森锰锌"可湿性粉剂500倍液，或75％"百菌清"可湿性粉剂500～800倍液，或40％"克瘟散"乳油500～800倍液，于玉米雄花期喷1～2次，每隔10～15天喷1次。

2.4.4　玉米褐斑病

1. 特征描述

发生在叶片、叶鞘和茎上，以叶和叶鞘交接处斑病最多，常密集成行。初为白色到黄色小斑，渐变成褐色或紫褐色，圆形、椭圆形到线性，隆起成疮状，有时相互结合成褐色或紫褐色，病斑附近的叶组织常呈红色。后期病斑的表面破裂，散出褐色粉末（病菌的孢子囊）。病叶局部散裂，叶脉和维管束残存如丝状。茎上病斑多发生于节的附近。

2. 防治方法

（1）玉米收获后，及时清除田间病残株，深耕深埋，减少病菌初浸染来源。

（2）合理排灌，降低田间湿度，创造不利于病害发生的环境条件。

（3）不用病株作饲料或沤肥，否则必须充分腐熟后再施入田间。

2.4.5 丝黑穗病

1. 特征描述

玉米丝黑穗病又称乌米、哑玉米，典型病症是雄性花器变形，雄花基部膨大，内为一包黑粉，不能形成雄穗。雌穗受害果穗变短，基部粗大，除苞叶外，整个果穗为一包黑粉和散乱的丝状物，严重影响玉米产量。

2. 防治方法

（1）选用优良抗病品种

在抗病育种工作中，应选择优良抗病自交系作亲本，以获得抗病的后代。抗病的杂交种有丹玉 13、掖单 14、豫玉 28 等。

（2）播前种子处理

①用有效成分占种子质量 0.2%～0.3% 的粉锈宁和羟锈宁拌种，是较为有效的方法。20% 萎锈灵 1 千克，加水 5 千克，拌玉米种 75 千克，闷 4 小时效果也很好。

②速保利按 40～80 克有效成分与 100 千克种子拌种。

③用 0.3% 的氧环宁缓释剂拌种，防效可达 90% 以上。

④用 50% 多菌灵可湿性粉剂按种子质量 0.3%～0.7% 用量拌种，或甲基托布津 50% 可湿性粉剂按种子重量 0.5%～0.7% 用量拌种。

⑤用 50% 矮壮素液剂加水 200 倍，浸种 12 小时，或再用多菌灵、甲基托布津拌种。

⑥选用包衣种子也具有很好的防治效果。

（3）拔除病株

结合间苗、定苗及中耕除草等予以拔除病苗、可疑苗，拔节—抽穗期病菌黑粉末散落前拔除病株，抽雄后继续拔除，彻底扫残。拔除的病株要深埋、烧毁，不要在田间随意丢放。

（4）加强耕作栽培措施

①合理轮作。与高粱、谷子、大豆、甘薯等作物，实行 3 年以上轮作。

②调整播期以及提高播种质量。播期适宜并且播种深浅一致，覆土厚薄适宜。

③拔除病株。苗期和生长期症状明显时或生长后期病穗未开裂散出黑粉（冬孢子）之前，及时割除发病株并携出田外深埋。

④施用净肥减少菌量。禁止用带病秸秆等喂牲畜和作积肥。肥料要充分腐熟后再施用，减少土壤病菌来源。另外，清洁田园，处理田间病株残体，同时秋季进行深翻土地，减少病菌来源，从而减轻病害发生。

2.4.6　瘤黑粉病

1. 特征描述

玉米瘤黑粉病常为害玉米叶、秆、雄穗和果穗等部位幼嫩组织，产生大小不等的病瘤。植株地上幼嫩组织和器官均可发病，病部的典型特征是产生肿瘤。病瘤初呈银白色，有光泽，内部白色，肉质多汁，并迅速膨大，常能冲破苞叶而外露，表面变暗，略带淡紫红色，内部则变灰至黑色，失水后当外膜破裂时，散出大量黑粉，即病菌的冬孢子。果穗发病可部分或全部变成较大肿瘤，叶上发病则形成密集成串小瘤。

2. 防治方法

（1）种植抗病品种尚无免疫品种，但自交系和杂交种之间抗病性有明显差异。

（2）农业防治。病田实行 2～3 年轮作。施用充分腐熟的堆肥、厩肥，防止病原菌冬孢子随粪肥传病。玉米收获后及时清除田间病残体，秋季深翻。适期播种，合理密植。加强肥水管理，均衡施肥，避免偏施氮肥，防止植株贪青徒长；缺乏磷、钾肥的土壤应及时补充，适当施用含锌、含硼的微肥。抽雄前后适时灌溉，防止干旱。加强玉米螟等害虫的防治，减少虫伤口；在肿瘤未成熟破裂前，尽早摘除病瘤并深埋销毁。摘瘤应定期、持续进行，长期坚持，力求彻底。

（3）药剂防治。种子带菌是田间发病的菌源之一。对带菌种子，可用杀菌剂处理。例如，用 50％福美双可湿性粉剂，按种子质量 0.2％的药量拌种；或 25％三唑酮可湿性粉剂，按种子质量 0.3％的用药量拌种；或 2％戊唑醇湿拌种剂用 10 克药，兑少量水成糊状，拌玉米种子 3～3.5 千克等。有人主张

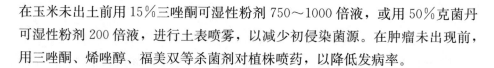

在玉米未出土前用 15％三唑酮可湿性粉剂 750～1000 倍液，或用 50％克菌丹可湿性粉剂 200 倍液，进行土表喷雾，以减少初侵染菌源。在肿瘤未出现前，用三唑酮、烯唑醇、福美双等杀菌剂对植株喷药，以降低发病率。

2.4.7 纹枯病

1. 特征描述

玉米纹枯病主要为害叶鞘，也可为害茎秆，严重时引起果穗受害。发病初期多在基部 1～2 茎节叶鞘上产生暗绿色水渍状病斑，后扩展融合成不规则形或云纹状大病斑。病斑中部灰褐色，边缘深褐色，由下向上蔓延扩展。穗苞叶染病也产生同样的云纹状斑。果穗染病后秃顶，籽粒细扁或变褐腐烂。严重时根茎基部组织变为灰白色，次生根黄褐色或腐烂。多雨、高湿持续时间长时，病部长出稠密的白色菌丝体，菌丝进一步聚集成多个菌丝团，形成小菌核。

2. 防治方法

（1）清除病原及时深翻消除病残体及菌核。发病初期摘除病叶，并用药剂涂抹叶鞘等发病部位。

（2）选用抗（耐）病的品种或杂交种，如渝糯 2 号（合糯×衡白 522）、本玉 12 号等。实行轮作，合理密植，注意开沟排水，降低田间湿度，结合中耕消灭田间杂草。

（3）药剂防治。用浸种灵按种子质量 0.02％拌种后堆闷 24～48 小时，发病初期喷洒 1％井冈霉素 0.5 千克兑水 200 千克或 50％甲基硫菌灵可湿性粉剂 500 倍液、50％多菌灵可湿性粉剂 600 倍液、50％苯菌灵可湿性粉剂 1500 倍液、50％退菌特可湿性粉剂 800～1000 倍液；也可用 40％菌核净可湿性粉剂 1000 倍液或 50％农利灵或 50％速克灵可湿性粉剂 1000～2000 倍液。喷药重点为玉米基部，保护叶鞘。

（4）提倡在发病初期喷洒移栽灵混剂。

2.4.8 玉米螟

1. 特征描述

玉米螟是玉米的主要虫害。在 3—9 月间播种的玉米被害较严重。成虫在深夜活动，将卵块产于株高约 20 厘米以上的玉米叶片背面，孵化的幼虫危害玉米各部位，最后在为害部化蛹。玉米螟的危害，主要是因为叶片被幼虫咬食后，会降低其光合效率；雄穗被蛀，常易折断，影响授粉；苞叶、花丝被蛀食，会造成缺粒和秕粒；茎秆、穗柄、穗轴被蛀食后，形成隧道，破坏植株内水分、养分的输送，使茎秆倒折率增加，籽粒产量下降。玉米螟适合在高温、高湿条件下发育，冬季气温较高，天敌寄生量少，有利于玉米螟的繁殖，危害较重；卵期干旱，玉米叶片卷曲，卵块易从叶背面脱落而死亡，危害也较轻。

2. 防治方法

（1）越冬期。处理越冬寄主秸秆，在春季越冬幼虫化蛹、羽化前处理完毕。

（2）抽雄前。掌握玉米心叶初见排孔、幼龄幼虫群集心叶而未蛀入茎秆之前，采用 1.5% 的锌硫磷颗粒剂，或呋喃丹颗粒剂，直接丢放于喇叭口内均可收到较好的防治效果。

（3）穗期防治。花丝蔫须后，剪掉花丝，用 90% 的美曲膦酯 0.5 千克、水 150 千克、黏土 250 千克配制成泥浆涂于剪口，效果良好；也可用 50% 或 80% 的敌敌畏乳剂 600~800 倍液，或用 90% 的美曲膦酯 800~1000 倍液，或 75% 的辛硫磷乳剂 1000 倍液，滴于雌穗顶部，效果亦佳。

（4）人工摘除。发现玉米螟卵块人工摘除田外销毁。

（5）生物防治

①释放赤眼蜂

在玉米螟产卵期释放赤眼蜂，选择晴天大面积连片放蜂。放蜂量和次数根据螟蛾卵量确定。一般每公顷释放 15 万~30 万头，分两次释放，每公顷放 45 个点，在点上选择健壮玉米植株，在其中部一个叶面上，沿主脉撕成两半，取其中一半放上蜂卡，沿茎秆方向轻轻卷成筒状，叶片不要卷得太紧，将蜂卡用线、钉等钉牢。应掌握在赤眼蜂的蜂蛹后期，个别出蜂时释放，把蜂卡挂到田间 1 天后即可大量出现。

②利用白僵菌

a. 僵菌封垛。白僵菌可寄生在玉米螟幼虫和蛹上。在早春越冬幼虫开始复苏化蛹前，对残存的秸秆，逐垛喷撒白僵菌粉封垛。方法是每立方米秸秆垛，用每克含 100 亿孢子的菌粉 100 克，喷一个点，即将喷粉管插入垛内，摇动把子，当垛面有菌粉飞出即可。

b. 白僵菌丢心。一般在玉米心叶中期，用 500 克含孢子量为 50 亿~100

亿的白僵菌粉，对煤渣颗粒 5 千克，每株施入 2 克，可有效防治玉米螟的危害。

c. Bt 可湿性粉剂。在玉米螟卵孵化期，田间喷施每毫升 100 亿个孢子的 Bt 乳剂 Bt 可湿性粉剂 200 倍液，有效控制虫害。

2.4.9 玉米蚜虫

1. 特征描述

玉米蚜在玉米苗期群集在心叶内，刺吸为害。随着植株生长集中在新生的叶片为害。孕穗期多密集在剑叶内和叶鞘上为害。边吸取玉米汁液，边排泄大量蜜露，覆盖叶面上的蜜露影响光合作用，易引起霉菌寄生，被害植株长势衰弱，发育不良，产量下降。一年发生 10~20 余代，一般以无翅胎生雌蚜在小麦苗及禾本科杂草的心叶里越冬。4 月底 5 月初向春玉米、高粱迁移。玉米抽雄前一直群集于心叶里繁殖为害，抽雄后扩散至雄穗、雌穗上繁殖为害，扬花期是玉米蚜繁殖为害的最有利时期，故防治适期应在玉米抽雄前。适温高湿，即旬平均气温 23 ℃左右，相对湿度 85％以上，玉米正值抽雄扬花期时，最适于玉米蚜的增殖为害，而暴风雨对玉米蚜有较大控制作用。杂草较重发生的田块，玉米蚜也偏重发生。

2. 防治方法

一是要注意玉米苗期杂草间瓢虫、食蚜蝇、草蛉数量较多时，尽量避免药剂防治或选用对天敌无害的农药防治。

二是在蚜虫盛发前要进行防治。①喷雾，每亩用 10％吡虫啉可湿性粉剂 10~15 克，加水 30 千克。②根区施药，每亩用 40％辛硫磷乳油 100~150 毫升，拌细土 10~15 千克，于玉米蚜虫初发阶段，在植株根区周围开沟埋施。

2.4.10 红蜘蛛

1. 特征描述

红蜘蛛学名玉米叶螨，又名棉红蜘蛛，俗称大蜘蛛、大龙、砂龙等。我国的种类以朱砂叶螨为主，属蛛形纲、蜱螨目、叶螨科。分布广泛，食性杂，可危害 110 多种植物。1 年发生 13 代，以卵越冬，越冬卵一般在 3 月初开始孵化，4 月初全部孵化完毕，越冬后 1~3 代主要在地面杂草上繁殖为害，4 代以后即同时在枣树、间作物和杂草上为害，10 月中下旬开始进入越冬期。

卵主要在枣树干皮缝、地面土缝和杂草基部等地越冬，3月初越冬卵孵化后即离开越冬部位，向早春萌发的杂草上转移为害，初孵化幼螨在2天内可爬行的最远距离约为150米，若2天内找不到食物，即可因饥饿而死亡。

2. 防治方法

（1）农业防治。在秋季玉米收获后，及时清除田间秸秆，以清除虫源。对饲喂牲畜下剩的秸秆应进行高温腐熟处理。及时彻底清除田间、地头、渠边的杂草，减少玉米红蜘蛛的食料和繁殖场所，降低虫源基数，并防止其转入田间；避免与豆类、花生等作物间作，阻止其相互转移危害。采用地膜覆盖，减少杂草等若螨和成螨的寄存场所。加强深耕冬灌，以机械的方法杀死残留虫源。

（2）化学防治。重点喷中下部叶片，可选用15％扫螨净3000倍液，或40％氧化乐果1000～1500倍液，或15％扫螨净与40％氧化乐果按1：1比例的混合后喷雾，或每亩用1～1.5千克甲拌磷颗粒剂或甲拌磷乳油拌适量细砂隔行均匀撒于玉米行间。

2.4.11　棉铃虫

1. 特征描述

玉米棉铃虫属鳞翅目夜蛾科，为杂食性害虫，以幼虫蛀食为害玉米、番茄、辣椒、棉花、向日葵等为主。在玉米上为害时，前期主要蛀食心叶，造成排行穿孔；中、后期主要为害雌、雄穗，蛀食花丝，影响授粉，并蛀食籽粒，产生大量虫粪，受害部位易被虫粪污染，产生霉变，严重影响作物产量和品质。

2. 防治方法

（1）农业防治

秋耕冬灌，压低越冬虫口基数。秋季棉铃虫危害重的棉花、玉米、番茄等农田，进行秋耕冬灌和破除田埂，破坏越冬场所，提高越冬死亡率，减少第一代发生量。优化作物布局，避免邻作棉铃虫的迁移和繁殖在棉田田边、渠埂点种玉米诱集带，选用早熟玉米品种，每亩200株左右。利用棉铃虫成虫喜欢在玉米喇叭口栖息和产卵的习性，每天清晨专人抽打心叶，消灭成虫，减少虫源。

（2）物理防治

杨枝把诱蛾。成虫发蛾期，应大面积开展，特别是在棉田进行，可消灭大量成虫，对减少当地虫源作用较大。高压汞灯及频振式杀虫灯诱蛾具有诱杀棉铃虫数量大，对天敌杀伤小的特点，宜在棉铃虫重发区和羽化高峰期使用。

（3）生物防治

释放赤眼蜂。棉铃虫产卵盛期放蜂 2 次，每公顷 30 万头，分设 60 个放蜂点（每亩放蜂 2 万头，4 个放蜂点），将次日即可羽化的赤眼蜂卡，装入开口纸袋内，挂在植株中下部。

（4）化学防治

三龄前叶面喷洒 2.5％氯氟氰菊酯乳油 2000 倍液、5％高效氯氰菊酯乳油 1500 倍液等化学农药。6 月下旬在玉米心叶中撒施杀虫颗粒剂，药剂及使用方法同玉米螟。

2.4.12　地下虫害

1. 特征描述

地下害虫是农作物的大敌，食害种子、幼芽、根茎，造成缺苗，甚至毁种，导致农作物减产。常见地下害虫有蛴螬（金龟子）、金针虫（叩头虫）、蝼蛄（啦啦蛄）、地老虎（截虫）、二点委夜蛾，这些害虫危害作物症状不同，应进行诊断、鉴别并进行防治。

（1）蛴螬。金龟子的幼虫，取食作物的幼根、茎的地下部分，常将根部咬伤或咬断，危害特点是断口比较整齐，使幼苗枯萎死亡，大豆、甜菜、高粱受害较重。

（2）金针虫。是叩头虫的幼虫，危害小麦、玉米、高粱、马铃薯等，咬食种子、胚芽、根茎，危害特点是将幼根茎食成小孔，致使死苗、缺苗或引起块茎腐烂。

（3）蝼蛄。在地下咬食刚播下的种子或发芽的种子，并取食嫩茎、根，危害特点是咬成乱麻状，同时蝼蛄在地表层活动，形成隧道，使幼苗根与土壤分离，造成幼苗调枯死亡，谷子受害较重。

（4）地老虎。幼虫食性很杂，危害大豆、玉米、蔬菜等多种作物，白天潜伏土中，夜晚出土危害，危害特点是将茎基部咬断，常造成作物严重缺苗断条，甚至毁种。

（5）二点委夜蛾。一种玉米新害虫，在麦茬玉米出苗后即可造成危害，咬断玉米幼苗，或钻蛀玉米茎基部，形成枯心苗致死、玉米倒伏，严重影响产量。

2. 防治方法

（1）蛴螬、金针虫防治技术

①拌肥。用5％甲拌磷颗粒剂，每亩1.5～1.8千克均匀拌入种肥中播种。

②拌种。用大豆种衣剂药种比1：75或35％甲基硫环磷按种子质量的0.5％拌种，并闷种。

③灌根。发现幼虫危害后，用90％美曲膦酯1000倍液或75％辛硫磷1000～1500倍液灌根，每穴100克。

（2）蝼蛄防治技术

①毒饵。用1克40％乐果乳油或90％美曲膦酯，兑水适量，拌100千克炒香的麦麸或豆饼等饵料，稍加堆闷，撒施蝼蛄隧道洞口，每亩1～1.5千克。

②诱集灭虫。利用蝼蛄的趋光性，可用灯光诱杀；在地上挖30～40厘米方坑，坑内堆入少许新鲜马粪，按马粪量的1/10拌入2.5％美曲膦酯粉进行诱杀。

（3）地老虎防治技术

①秋后深翻灭卵，出苗前除草灭虫。

②毒饵诱杀，用80％美曲膦酯可湿粉0.05千克与炒香豆饼5千克，兑水适量配成毒饵，于傍晚撒施在被害田，亩用1～1.5千克。

③喷药，用50％辛硫磷乳油1000倍液，在黄昏地老虎出土之际进行喷洒。

（4）二点委夜蛾防治技术

①撒毒饵，亩用4～5千克炒香的麦麸后或粉碎后炒香的棉籽饼，与兑少量水的美曲膦酯（胃毒作用，兼有触杀作用）或毒死蜱（触杀、胃毒、熏蒸作用）500克拌成毒饵，于傍晚顺垄撒在玉米苗边。

②毒土可以每亩用80％敌敌畏乳油300～500毫升，或48％的毒死蜱乳油400～500毫升，或30％毒·辛微囊悬浮剂500毫升，适量加水均匀拌入25千克细土中，于早晨顺垄洒施在玉米苗边。

2.4.13 黏虫

1. 特征描述

玉米黏虫是一种玉米作物虫害中常见的主要害虫之一。属鳞翅目，夜蛾科，又名行军虫，体长 17～20 毫米，淡灰褐色或黄褐色，雄蛾色较深。为害症状主要以幼虫咬食叶片。1～2 龄幼虫取食叶片造成孔洞，3 龄以上幼虫危害叶片后呈现不规则的缺刻，暴食时，可吃光叶片。大发生时将玉米叶片吃光，只剩叶脉，造成严重减产，甚至绝收。当一块田玉米被吃光，幼虫常成群列纵队迁到另一块田为害，故又名"行军虫"。一般地势低、玉米植株高矮不齐、杂草丛生的田块受害重。天敌主要有步行甲、蛙类、鸟类、寄生蜂、寄生蝇等。

2. 防治方法

（1）农业防治。硬茬播种的田块，待玉米出苗后要及时浅耕灭茬，及时进行田间地头的化学除草，破坏玉米黏虫的栖息环境，降低虫源。

（2）人工捕杀。黏虫大多处于 3～4 龄期，虫体较大，可在早晚人工捏杀取食的幼虫和叶片背面的白色棉絮状的卵块。

（3）化学防治。①毒饵诱杀：亩用 90％美曲膦酯 100 克兑适量水，拌在 1.5 千克炒香的麸皮上制成毒饵，于傍晚时分顺着玉米行撒施，进行诱杀。②叶面喷雾：虫龄在 3 龄以前的亩用 2.5％氯氟氰菊酯乳油或 4.5％高效氯氰菊酯 20～30 毫升或灭幼脲 3 号 50 毫升兑水 30 千克均匀喷雾；虫龄在 3～4 龄时亩用 48％毒死蜱 15～20 毫升或 0.5％甲维盐 30～40 毫升兑水 30 千克均匀喷雾。③撒施毒土：亩用 40％辛硫磷乳油 75～100 克适量加水，拌砂土 40～50 千克扬撒于玉米心叶内，即可保护天敌，又可兼防玉米螟。

3　夏玉米

3.1　生育期气象指标及管理措施

3.1.1　播种—出苗期（6月中旬—6月下旬）

高产区小麦收获前 7～10 天、中低产区小麦收获前 10～15 天套种玉米为宜。窄行种植麦田，于麦收前 10～15 天套种玉米。夏玉米播种温度条件均能保证，水分条件则是制约玉米全苗的主要因素。

夏玉米 6 月中旬播种，6 月下旬出苗；套种玉米 5 月下旬播种，6 月上旬出苗。

1. 适宜的气象条件

土壤相对湿度为 70%～85%，有利于夏玉米种子发芽、出苗。

2. 不利的气象条件及可能出现的灾害

一是麦收后出现初夏旱，会造成夏玉米晚播或出苗不好，从而导致减产。二是麦收后出现持续连阴雨。

3. 管理措施

首先应选用良种，采用种子包衣等新技术。深耕改土、精细整地、施足底肥、浇足底墒水等，播时要保证足墒，土壤含水量要求达到田间持水量的 70% 左右，并要使墒情均匀。要合理密植，种植行距以 60 厘米左右为宜，也可采用宽行 70～80 厘米、窄行 40～50 厘米的宽窄行种植。麦垄点种玉米是一种充分利于气候资源和土地资源的生产措施，也是促进夏玉米高产的新技术。应选择适合本地气候条件且抗逆性较强的高产品种，杜绝品种混杂和隔代种。注意在麦收前浇足"麦黄水"，为抢播玉米备足底墒。春末夏初时，有干旱发生，各地应抢墒抢时播种，如错过播期，应换早熟品种或改种其他作物，以免影响秋季冬小麦及时播种。

3.1.2　苗期（6月中旬—7月中旬）

夏玉米苗期一般经历 20～25 天，出苗 4 天左右进入 3 叶期，3 叶期至

7 叶期大约 12 天左右，7 叶期至拔节期大约 12 天左右。

1. 适宜的气象条件

苗期最适宜的温度为 28～35 ℃；茎叶生长适宜温度为 21～26 ℃；根系生长的适宜土壤温度为 5 厘米地温 20～25 ℃；适宜的土壤相对湿度为 60%～70%，蹲苗时 55%～60%。

2. 不利的气象条件及可能出现的灾害

（1）土壤相对湿度低于 60%、大于 90% 均不利于夏玉米幼苗生长。

（2）气温高于 40 ℃时，夏玉米茎叶生长受抑制。

3. 管理措施

夏玉米苗期田间管理主要是保证苗全、苗齐、苗壮，适当控制地上茎叶生长，积极促进根系生长，即所谓促下控上。植株壮苗标准是根多、苗壮、茎扁（即叶鞘发达）、叶宽、叶色深绿、植株敦实、壮而不旺。

（1）移栽补苗保证全苗

夏玉米出苗后应立即逐块逐垄检查，地下害虫严重的地块和套玉米地更应做好这个工作。

（2）早间苗、早定苗、早匀留苗

间苗的时间：套玉米一般在 3～4 叶，夏玉米一般在 2～3 叶时进行。

（3）早追肥、促壮苗、偏施肥、争齐苗

特别是套玉米、抢茬播种，未施基肥或基肥不多易受芽涝的夏玉米，培育壮苗是重要措施。因为夏玉米苗期正是雨季，如苗肥追不上，易受芽涝，施有机肥发苗的关键时期，更应抓紧时间早追肥，重施肥，争取苗壮苗齐，个别弱苗须施偏肥管理。

（4）巧锄地勤中耕

促下控上是增根壮苗的主要措施。天旱时锄地还起抗旱保墒的作用，雨后锄地又可促进水分蒸发散墒除涝，还可消灭草荒。

（5）蹲苗促壮

在地较肥、底墒足、施足底肥和种肥，以及比较密植的基础上，控制苗期浇水，采取多次中耕，使土壤上干下湿，促使根系向下深扎，扩大吸收范围，增强抗旱能力。同时控制玉米地上部的生长，使茎秆粗壮敦实，抗倒伏。蹲苗一结束马上肥水齐攻，促地上部生长，最后达到穗大粒多。蹲苗时"蹲黑不蹲黄、蹲肥不蹲瘦、蹲湿不蹲干"。

3.1.3　拔节孕穗期（7月下旬—8月上旬）

1. 适宜的气象条件

（1）当日平均气温达到 18 ℃以上时，植株开始拔节。

（2）最适宜的温度为 24～26 ℃。

（3）田间持水量 70%～80%。

（4）每天日照时数在 7～10 小时。

（5）拔节后候降水量在 30 毫米以上，候平均气温 25～27 ℃是茎叶生长的适宜温度。

2. 不利的气象条件及可能出现的灾害

（1）气温低于 24 ℃或超过 32 ℃时，生长速度减慢。

（2）土壤含水量低于 15%易造成雌穗部分不孕或空秆。

3. 管理措施

主攻目标是争取秆壮、穗大、粒多。秆壮标准是：植株敦实粗壮，基部节间粗短，叶片宽厚，叶色浓绿，叶挺直，根系发达，玉米植株全叶 7～8 片，根系 4～5 层，根量多，叶面积系数从 2.5～3.0 到 4.0～5.0。采取的管理措施主要是适时追肥、浇水，促进秆壮、穗大。

（1）此间若缺肥，植株叶色黄绿，叶片萎蔫，下部叶片橘黄，叶数少、生长慢，次生根少，应早追肥，促进早发。

（2）若缺水，苗子矮小，茎叶淡绿，叶数少，叶片萎蔫，狭长下垂，心叶发黄，根少，生长过缓，应早施肥浇水，促进苗壮成长。

（3）若留株过密，则苗子细高，茎秆细，节间长，叶片窄，颜色淡，应适当适量追肥，控制茎叶徒长，促秆壮、穗大。

（4）此期受涝害的弱苗瘦长，叶色黄，茎部叶枯死，心叶枯黄，基部节间长，根死。应排涝通气，追肥，促根长叶。

3.1.4　抽穗（雄）开花期（8月中旬）

1. 适宜的气象条件

（1）最适宜的温度为 25～26 ℃。

（2）空气相对湿度以 70％～90％为宜。

（3）土壤相对湿度以 70％～80％为宜。

（4）8～12 小时的光照条件有利于提早抽穗开花。

2. 不利的气象条件及可能出现的灾害

（1）气温高于 38 ℃或低于 18 ℃时，花粉不能开裂散粉。

（2）温度高于 32～35 ℃，空气相对湿度低于 50％的高温干燥条件下，雄穗不能抽出，或花粉迅速干瘪而丧失生命力，造成空穗或秃顶。

（3）相对湿度低于 30％或高于 95％时，花粉就会丧失活力，甚至停止开花。

3. 管理措施

抽穗开花期的壮株标准是：叶挺秆壮、叶肥厚、色浓绿，叶绿素含量高，光合能力强，花期协调，受精良好，结实率高。

若缺肥水，则叶片落黄，幼穗发育不良，小花不孕、穗少、粒少、粒小。应早施粒肥，浇足抽雄扬花水。

过密的植株茎秆细弱，下部节间长，结穗率低，叶片窄瘦，幼穗发育不良，授粉不好，穗小粒少。这时应增施攻籽肥，及时浇水。

3.1.5 灌浆成熟期（8月下旬—10月中旬）

1. 适宜的气象条件

最适宜的气温是日平均气温 22～24 ℃，土壤相对湿度为 70％～80％，最适宜的光照条件是每日 7～10 小时。

2. 不利的气象条件

停止灌浆的界限温度是 16 ℃；日平均气温高于 25～30 ℃，则呼吸消耗增强，功能叶片老化加快，籽粒灌浆不足；茎秆含水率低于 50％，籽粒含水率低于 30％灌浆速度出现负值，停止灌浆；遇到 3 ℃的低温，即完全停止生长，影响成熟产量；持续数小时－3～－2 ℃的霜冻会造成植株死亡。

3. 管理措施

灌浆成熟期的壮株标准是：植株生长健壮，成熟前叶绿、苞黄、穗大、粒多、粒大、粒重，果穗授粉良好，结实满尖，营养充足，籽粒饱满。

主攻目标是防止茎叶早衰，保持秆青、叶绿，增强叶片光合作用强度，促进灌浆，争取粒多、粒重。灌浆期缺肥的植株，叶片自下而上逐渐黄枯，应早施粒肥，浇好灌浆攻籽水。若植株密度过大，灌浆期植株叶片自下而上枯黄，植株早衰，应施粒肥浇水促进灌浆，增加粒重。灌浆期缺肥和水分过多的植株，应立即追肥、排水、松土。

3.2　生育期内常见的农业气象灾害

夏玉米生育期间多旱、涝、风、雹等自然灾害，对夏玉米产量影响很大。

3.2.1　初夏旱

5月下旬—6月上旬是夏玉米的适宜播种期，此期若出现初夏旱，会造成夏玉米晚播或出苗不好，从而导致减产。

3.2.2　苗期连阴雨

从夏玉米小芽露出地面到三叶期时，玉米芽就不再靠种子提供养分生长，而是从自身光合作用合成的有机物质获取养分。这一时期，充足的阳光有利于培育壮苗，若遇连阴雨天气（连续降雨大于5天），玉米小苗会因养分供给断绝，因"饥饿"变黄或死去。

3.2.3　卡脖旱

7月下旬—8月中旬是夏玉米孕穗、抽雄及开花吐丝期，也是夏玉米一生需水量最多的时期。此期若出现干旱（俗称卡脖旱），会影响夏玉米抽雄吐丝，从而形成大量缺粒与秃顶，并使灌浆过程严重受阻，产量明显降低。

3.2.4　拔节抽穗期连阴雨

夏玉米拔节—抽穗期是夏玉米从营养生长过渡到生殖生长的阶段，这一阶段夏玉米秆长高、长壮、长粗，吸收养分的关键时期。充足的阳光对夏玉米多成粒、成大粒十分重要。若此期出现大于10天的连阴雨天气使夏玉米光合作用减弱，玉米秆呈现"豆芽形"，植株瘦弱，常会出现空秆。

3.2.5 花期阴雨

7月下旬—8月中旬正值夏玉米抽雄开花期，若雨量过多，就会影响夏玉米的正常开花授粉，造成大量缺粒如秃尖。另外，夏玉米生长在天气多变的季节，还可能遇到冰雹、洪涝、风灾、高温热害等气象灾害。夏玉米的其他病虫害防治同春玉米。

第二篇　经济作物

4 西瓜

西瓜，原产于非洲，唐代引入新疆，五代时期引入中土。属葫芦科，有多个种子，我国南北皆有西瓜栽培。西瓜性寒，味甘甜，它有清热解暑、生津止渴、利尿除烦的功效，是人们最为喜爱的夏令水果之一。

传统的西瓜种植，大田生长期（4月中旬—8月上旬）正值春夏季节，光照逐渐增强，温度也相应地逐渐升高，整体光温条件比较优越。除了春季冷空气活动强、春寒明显的年份，西瓜秧苗受冻，造成僵苗、死苗外，一般都能够满足西瓜生长的需要，因此，光温条件往往不是影响产量的主要抑制因素，影响西瓜产量的主要气候因素是降水。其中，春夏多雨是影响西瓜生长的主要不利因素，大田生长期雨量在400毫米以上的年份一般为低产年景，临汾市的这一时期，同期的多年平均降水量在500毫米左右，不过年际差异较大，有的年份特多，有的则很少，而且降水时间分配不均，多集中在7—9月，往往与西瓜需水要求相适应，在果实膨大成熟时，伏旱明显对产量有一定影响。

近年来，临汾市广泛采用的大棚西瓜种植方式，生长期提前，最大程度的避开了降雨的影响。大棚西瓜的播种时间是在3月，临汾市春季少雨，日照相对而言比较充足，加之大棚设施便于控制温、湿等气象要素，因此在西瓜幼苗期，虽然长势不是很快，但光温条件仍算比较适宜。4月，临汾市的气温会明显回升，即将入春，此时西瓜长势加快。到4月中旬—下旬开始进入开花结瓜的旺盛期了。通常5月20日后大棚西瓜就进入了大量上市的季节。6月中旬之前是梅雨来临之前一段少雨时期，光温条件通常都非常优越，有利于西瓜成熟、采摘。大棚西瓜在5月份就上市，避开了梅雨期这一多雨时期，又恰好是以往瓜果的上市淡季，趋利避害，经济效益十分可观。

4.1 生育周期

全生育期可划分为发芽期、幼苗期、抽蔓期和结果期四个时期。

（1）发芽期。由种子萌动到子叶展开，真叶显露为发芽期。幼苗出土后，要防止徒长，以促进根和叶的发育。

（2）幼苗期。由真叶显露到5～6片叶为幼苗期。此期生长量小，栽培上应给予良好的条件，促进幼苗根系和花器官分化。

（3）抽蔓期。由5～6片叶抽蔓开始到留瓜节位的雌花开放为抽蔓期。此期生长速度快，生长量大。栽培上要促进茎叶生长，形成一定的营养体系，同时要控制徒长，保证花器的形成。

（4）结果期。由留花节位的雌花开放到果实开始旺盛生长为止。又可分为坐果期，果实生长旺盛期，变瓤期3个时期。

①坐果期。由留瓜节雌花开放到果实开始旺盛生长为止。光合产物开始向果实输入。栽培上主要调节营养生长和果实发育的平衡，以保证坐瓜。

②果实旺盛生长期。由果实迅速生长到果实大小基本固定为止。此期果实生长量大，吸收养分最多，是形成产量的关键时期。栽培上应给以大肥，大水，促进果实的迅速生长。

③变瓤期。由果实大小基本固定到成熟期为止。此期糖分迅速转化，外观具有该品种的固有色泽。栽培上应防止茎叶早衰，以保证产量和品质。

4.2 对环境条件的要求

（1）温度。西瓜喜温暖、干燥的气候，不耐寒，生长发育的最适温度为24～30 ℃，根系生长发育的最适温度为30～32 ℃，根毛发生的最低温度为14 ℃。西瓜在生长发育过程中需要较大的昼夜温差，较大的昼夜温差能培育高品质西瓜。

（2）水分。西瓜耐旱、不耐湿，阴雨天多时，湿度过大，易感病，产量低，品质差。

（3）光照。西瓜喜光照，在日照充足的条件下，产量高，品质好。

（4）养分。西瓜生育期长，产量高，因此，需要大量养分。每生产100千克西瓜约需吸收氮0.19千克、磷0.092千克，钾0.136千克。但不同生育期对养分的吸收量有明显的差异，在发芽期占0.01%，幼苗期占0.54%，抽蔓期14.6%，结果期是西瓜吸收养分最旺盛的时期，占总养分量的84.8%，因此，西瓜随着植株的生长，需肥量逐渐增加，到果实旺盛生长时，达到最大值。

（5）土壤：西瓜适应性强，以土质疏松，土层深厚，排水良好的沙质土最佳。喜弱酸性，在 pH 为 5～7 的范围内均能良好生长。

4.3　适宜的气象条件

（1）西瓜适宜种植于干燥的气候，光饱和点为 60 000 勒克斯。

（2）播种期适宜温度为 20～30 ℃，土壤相对湿度为 65%。

（3）幼苗期适宜温度：白天 25～27 ℃，夜间 16～20 ℃。

（4）伸蔓期 2～4 片叶，适宜温度 28 ℃，土壤相对湿度为 70%。

（5）坐瓜期适宜温度 28～30 ℃，花粉管伸长适宜温度 23～27 ℃；土壤相对湿度为 50%～60%；晴天日较差大，有利于坐果。

（6）果实生长盛期适宜温度 28～30 ℃，土壤相对湿度为 70%，空气相对湿度为 50%～60%。

（7）变瓤期适宜温度 32 ℃，日较差大，湿度小，无雨。

4.4　不利的气象条件及影响程度

（1）播种期。气温低于 15 ℃或高于 40 ℃，种子不发芽，根系不能正常生长；气温<5 ℃时，幼苗受冻。

（2）出苗期。在高于 40 ℃，低于 10 ℃时对生长、开花以及结果不利。

（3）开花期。光照少或连阴雨超过 3 天，雌花不能正常膨大，后期光照不足，果肉着色不良，品质下降。气温低于 15 ℃花粉管不伸长，低于 11 ℃影响受精，高于 38 ℃影响坐果。

（4）根伸长期。气温高于 40 ℃、低于 14 ℃时对根毛生长不利。

（5）成熟期。忽干忽湿容易使瓜开裂，过高的空气相对湿度（69%以上）易染病。

4.5　严重不利的气象条件及影响程度

（1）揭膜期气温<5 ℃，会造成低温冻害，使移苗受冻。

（2）成熟期遇大雨、暴雨，忽干忽湿，会引起西瓜胀裂。

（3）连阴雨超过 5 天，影响瓜的质量，易浸瓜、变质。

4.6 农事建议

西瓜忌连作，连作时生育不良，宜患枯萎病，但采用砧木嫁接亦可连作，一般 5～7 年才轮作，西瓜喜热，故应将其主要生长期安排在炎热的季节，同时地温必须在 15 ℃时方可露地直播。

4.6.1 育苗

根据西瓜苗龄（大约 40 天）决定当地育苗播种日期。西瓜种子皮厚而坚硬，浸种前可用开水烫种，搅拌约 10 秒钟倒入冷水，降至 50 ℃时自然冷却，30 ℃左右浸泡 12 小时，置于 25～30 ℃下催芽，约 3 天即可播种。

4.6.2 土地选择、整地作畦和施基肥

种瓜地选沙质壤土或河滩地最为适宜。早熟品种和晚熟品种选地有所不同，前者主要处于干旱季节，故宜选接近水源，地势较低之处，后者生长中后期正处于雨季，宜选择排水良好，地势较高的土地栽培，以免涝灾。西瓜地在前茬作物收获后，冬茬深耕一次，以利冬季风化，并满足西瓜主根充分伸长的需要。春季播种或定植前，每亩撒播腐熟有机肥 5000 千克，加施草木灰 200 千克或硫酸钾 30 千克，过磷酸钙 20 千克，耕后耙平作畦。作畦一般作大畦，供西瓜中后期爬蔓的需要。

4.6.3 株行距问题

稀植对个体有利，而适当密植叶面积指数增大，总净同化率高，因而总产量也高于稀植。合理的株行距应根据留瓜位置、整枝方法和叶片大小而定，留第二个瓜的小型瓜品种，行距以 1.5～1.8 米左右为宜，大型瓜以 2～2.2 米为宜。

4.6.4 直播间苗和育苗移栽

根据当地气候条件，为躲过后期雨季，避免影响品质，防治枯萎病的发生，达到早熟高产的目的，应适当早播种，育成大苗早定植，定植期覆盖薄膜。直播者每穴播 4～5 粒种子，深度 2～3 厘米，当第一片真叶显露时，进行第一次间苗，间苗和定苗要选留品种特征特性明显，叶大，色绿，节间短

株冠大，生长势健壮的苗。

4.6.5　灌水和追肥

直播者一般除播种时把水浇足外，发芽期、幼苗期不再浇水。抽蔓期坐瓜后再浇一次大水，对瓜来说是暗浇，促使肥料分解。注意施肥可在苗两侧穴施或南侧沟施，每亩施腐熟饼肥 100 千克或粪肥 1000 千克，或含相同数量的氮磷钾的化肥。待果实进入膨大期（拳头大小时）开始浇水，宜勤浇少浇。在果实成熟前 5～8 天当中，为了促进糖化提高甜度，应停止浇水，旱时可浇以少量的水。

4.6.6　中耕

苗期浇水后，地温下降，透气不良，为使根系早日恢复和健壮发育，必须及时中耕松土。直播的从出土到抽蔓，结合蹲苗应中耕 4 次左右，已达到增温、保墒、透气的作用。

4.6.7　整枝

分单蔓整枝、双蔓整枝、三蔓整枝几种形式。单蔓整枝虽然简单易行，结瓜多，果实小，产量低，商品性差，一般不采用。双蔓整枝或三蔓整枝留双果。北方留单果，采用较多。双蔓除留主蔓外，并在主蔓长到 30 厘米以上时，在基部选一北侧蔓作为副蔓或预备蔓，其余侧枝一概去掉。三蔓整枝就是除主蔓外，从基部选二侧蔓作副蔓，其余一律除去。

4.6.8　压蔓和盘条

基生叶下面的节比较晚，容易折断，所以在蔓长 30 厘米时，应及时在瓜根南侧挖一小沟，用土把秧轻压在沟内，只留叶子在外面，以防被风折断，伤根损叶，这种措施实际也是压蔓的一部分。当主蔓长 0.5 米左右，为了节省土地面积，使主蔓齐头并进，需进行盘蔓，方法是围绕根部挖沟，将主蔓除龙头 7 厘米外全部压入沟内，只留叶子在外边。侧蔓枝短，盘可以小，只要龙头主蔓齐头并进就行。盘条结合追肥浇水，蔓盘牢固，并发生不定根，增加吸收面。西瓜蔓伸长后，容易乱爬，所以要按一定方向把它压伴，使蔓分布均匀防止互相遮光，或遭风害。一般每隔 5～6 节压一次，瓜前瓜后各压二处，或瓜后压三处。

4.6.9　留瓜

留第一雌花结瓜比留第三个雌花能早熟 10 天左右，但一般不留第一瓜，因这时瓜只有 5～6 片叶，营养转化不充分，所以瓜长不大，产量比第三瓜低 1/3，得不偿失。一般留第二个瓜，为保存一定的营养不流失，坐瓜后及时摘心或打杈。

4.6.10　晒瓜、盖瓜、翻瓜

一般经验是"小时晒、熟时盖"。一方面瓜小时原来的绿色深皮中含有相当多的叶绿素，产生的光合产物能供果实发育，促糖分积累，因此，小时瓜要晒；另一方面后期日光强烈，在直射下容易引起日烧，所以快成熟时需要盖，防止日晒。翻瓜是为了瓜的皮色果型一致，用以提高商品性，但一定要注意勿将瓜柄折断，翻瓜应选择在重 2 千克左右，时间选在下午瓜柄不易折断时为宜。

4.6.11　其他管理

西瓜一般 05 时开花，06 时盛开，人工授粉应在 07—08 时进行，据各地经验，西瓜在收获前一周用 200～300 ppm 的乙烯利喷洒果面，瓤色可提前 5 天复红，据国内外经验，西瓜地面铺草好处多，暴风雨时防止蔓和叶受伤，可减少炭疽病传染，可防止杂草丛生和地烫将瓜蔓烫伤，保持土壤度松软。

4.6.12　收获

西瓜由播种到收获约 80～100 天，果实发育过程中，坐瓜期 6～8 天，果实生长盛期 20～22 天，变瓤期 7～8 天，早熟种约 30 天，晚熟种约 40 天。在果实发育最盛期，甚至一昼夜可长大 0.5 千克以上，变瓤期生长较慢。这过程主要是糖化过程，使果胶、淀粉、胡萝卜素等转化为果糖，使之逐渐成熟为优良西瓜，中心含糖量一般在 10% 以上。

4.7　病虫害及防治

西瓜的主要病害有猝倒病、枯萎病、炭疽病、疫病、白粉病、霜霉病等，主要虫害有蝼蛄、金龟子、蚜虫、黄守瓜等。

4.7.1 猝倒病

幼苗出土后靠近地面处发生。初期为水渍状斑点，尔后病斑逐步扩展，绕幼茎一周。病部缢缩成线状时，幼苗即猝倒。控制苗床温湿度并加强苗期管理，是防治猝倒病的关键。发病后，喷洒杀毒矾或铜铵合剂效果好。

4.7.2 枯萎病

幼苗期至收获期发生，尤以伸蔓期到结瓜期发病严重。苗期发病，秧苗上部呈水渍状，基部收缩变成褐色，子叶萎蔫下垂；结果期发病，植株生长缓慢，下部叶片过早发黄。发病后植株萎蔫，数天后枯死。

防治方法：①拔除病株。②在病株周围浇灌石灰乳或5％代森锌400倍液。③用60％多菌灵400倍或7％托布津500～1000倍液浇灌根部。

4.7.3 炭疽病

苗期到成熟期发生，以叶片和瓜藤受害最重。发病初期为水渍状小斑后，呈淡黄色凹陷，继而逐渐变成黑色或紫黑色圆斑，病斑环绕藤茎或叶柄一周后，全株死亡；未成熟瓜发病后出现水渍状淡绿色圆形病斑，致使幼瓜畸形，早期脱落。

防治方法：①摘除病叶，深埋或烧毁。②喷洒65％代森锌600倍液，或50％多菌灵700倍液，或401抗菌剂1000倍液。③遇阴雨时可用1份托布津、10份石灰粉混合后喷洒植株。④及时排水、垫瓜。

4.7.4 疫病

危害茎、叶和瓜，以藤基部及嫩茎基部发病最多。该病潜伏期短，发生快，初呈暗绿色水渍状，病部缢缩，其上叶片逐渐枯萎，最后全株枯死。瓜部发病初呈圆形凹陷状病斑，最后扩展到全瓜使瓜软腐。

防治方法：①摘除烧毁或深埋病株。②用25％瑞毒霉可湿性粉剂1份与80％代森锌2份混合，稀释成2000～2500倍液喷雾。

4.7.5 白粉病

株植生长中后期发生，最初在叶片下面出现白色霉点，以后向四周扩展。如果田间湿度大，温度在14～24 ℃时，霉点迅速连成一片。

防治方法：用 50％甲基托布津可湿性粉剂 1000 倍液，或可湿性硫黄 300 倍悬浮液，或 20％粉锈宁乳油 2000 倍液喷洒。

4.7.6 霜霉病

用 49％乙膦铝 500 倍液 5～7 天喷洒 1 次，共喷 3～4 次，或用 500 倍福美锌或代森环喷雾。

4.7.7 蝼蛄、蛴螬、金针虫等

用 0.5 千克辛硫磷加水 25 千克，掺麦麸 0.8 千克，拌匀后于傍晚撒在田间诱杀，每个西瓜秧周围撒一些。

4.7.8 金龟子、象岬、跳岬等

用 25％美曲膦酯粉，每亩 1.25～1.5 千克喷洒，或喷洒 80％辛硫磷 1500 倍液。

4.7.9 蚜虫

用吡虫啉可湿性粉剂 800～1000 倍液喷洒，或用除虫菊酯类农药 3000 倍液喷雾。

4.7.10 蚂蚁

发现地里有蚂蚁为害根、茎，用 600 倍液美曲膦酯进行根部灌杀。

4.7.11 黄守瓜

主要危害幼苗，成虫取食叶片、花及幼果，幼虫（水蛆）在土壤中取食细根，蛀入根茎地面内，使植株生长不良，茎叶变黄而枯死。

防治措施：清晨露水未干时人工捕捉，用 90％晶体美曲膦酯 1000 倍液喷杀成虫，用 2000 倍 90％晶体美曲膦酯液浇瓜根杀灭幼虫。

5　马铃薯

马铃薯在我国的不同地方有不同的叫法。它的俗名有土豆、地豆、山药、洋山药、山药蛋、地蛋、土卵、洋芋、洋山芋、土芋、番芋、番人芋、香芋、洋番薯、荷兰薯、爪哇薯和番仔薯等，还有叫它鬼慈姑或番鬼慈姑的。但是，称它土豆、洋芋和山药蛋的最普遍。

马铃薯在植物分类中为茄科茄属，是一种一年生草本块茎植物。因为生产上用它的块茎（通常称薯块）进行无性繁殖，因此，又可视为多年生植物。马铃薯适应性强，喜冷凉的气候条件，抗灾、早熟、高产，易于种植，更重要的是它既能做粮又能做菜，营养价值高，因而成了我国人民喜食的农作物。

5.1　生育周期

5.1.1　发芽期

从块茎上的芽开始萌发到幼苗出土是马铃薯的发芽期。发芽期的生长以地下主茎生长为主，是马铃薯扎根、结薯、保证后期茎叶健壮生长发育的基础，也是构成产量的基础。块茎萌发时所需的营养和水分主要由种薯本身提供。

5.1.2　幼苗期

从幼苗出土到现蕾一般为 20～25 天。出土半月左右地上主茎形成 6～8 片叶为幼苗前期。此后茎叶的生长量猛增，待主茎上叶片分化到 12～16 片后，顶芽便进入孕蕾期，地上部分出现花蕾时，地下匍匐茎的顶端开始膨大，此期为幼苗期的后期。

5.1.3　器官形成期

马铃薯器官形成又可分为三个时期。

1. 块茎形成期

从现蕾到开花为块茎形成期，块茎的数目也是在这个时期确定。从现蕾到开花这段时期，块茎不断膨大。

2. 块茎形成盛期

从开花始期到开花末期，是块茎体积和重量快速增长的时期，这时光合作用非常旺盛，对水分和养分的要求也是一生中最多的时期，一般在花后15天左右，块茎膨大速度最快，大约有一半的产量是在此期完成的。

3. 块茎形成末期

当开花结实结束时，茎叶生长缓慢乃至停止，下部叶片开始枯黄，即标志着块茎进入形成末期。此期以积累淀粉为中心，块茎体积虽然不再增大，但淀粉、蛋白质和灰分却继续增加，从而使重量增加。

5.1.4 休眠期

休眠期的长短因品种而异，休眠期长的可达3个月以上，休眠期短的约1～2个月。不同品种不但休眠期长短有区别，而且休眠强度也不一样，多数品种在成熟期后20天以内，休眠强度最大，休眠不易打破。休眠期越短，块茎越不耐储存，休眠期越长，块茎越耐储存。

5.2 对环境条件的要求

5.2.1 温度

马铃薯置于15～30 ℃条件下块茎的芽就能萌动，在0 ℃以下块茎受冻。马铃薯块茎的最佳储存温度为0～4 ℃。马铃薯喜欢冷凉气候，块茎上芽的最适萌发温度为12～16 ℃，18～25 ℃时发芽迅速，但长成的幼苗苗体弱小。块茎发育的适宜土温是16～18 ℃，以不超过21 ℃为好，高于25 ℃时不利于块茎膨大。高温会使块茎停止生长。

5.2.2 水分

块茎形成期是需水最多的时期，在结薯初期和盛期，土壤含水量为田间最大持水量的 70%～80% 比较适宜，结薯末期，土壤含水量为田间最大持水量的 60% 为宜。所以早熟品种在地上部孕蕾期到开花末期，茎叶急速生长，块茎大量形成，需水量最大。中熟品种自开花后直至茎叶停止生长前的整个阶段，都属块茎膨大期，比早熟品种需水期更长。

5.2.3 光照

马铃薯是喜光作物，在生育期间，光照强度不足或栽植过密，会使茎叶徒长，块茎形成延迟，抗病能力降低。日照长短直接影响植株生长和块茎的形成，长日照可促进茎叶生长和现蕾开花，短日照有利于块茎形成，在每天 11～13 小时日照下，茎叶发达，光合作用旺盛，块茎的产量也高。

5.2.4 土壤

马铃薯最适宜于表土深厚、结构疏松、排水透气良好且富含有机质的土壤。土壤黏重影响根系发育和块茎膨大，使块茎畸形，芽眼凸出，薯皮粗糙。马铃薯适于在微酸性土壤中生长，在碱性土壤中马铃薯易得疮痂病。

5.3 适宜的气象条件

5.3.1 播种发芽期

地温在 4 ℃时就能萌动；7～8 ℃时，幼苗开始生长；10～12 ℃，幼苗生长迅速而健壮；18 ℃时，发育最为良好。

5.3.2 茎叶生长期

最适宜温度为 21 ℃左右；土壤相对湿度 60%～80%；日照在 13 小时左右为宜。

5.3.3 形成块茎期

最适宜的土壤温度为 16～18 ℃；随着植株的生长，对水分的要求也逐渐增加。在块茎尚未形成前，有足够的水分，能增加每株块茎的个数。块茎旺盛生长期（盛花期）对水分需要最多。

5.4　不利的气象条件及影响程度

5.4.1　幼苗期间

不耐霜冻，在 $-2 \sim -1$ ℃时会使茎叶死亡。

5.4.2　茎叶生长期

日平均温度超过 24 ℃，严重影响发育。温度在 7 ℃以下时茎叶停止生长；水分过多，引起茎叶徒长，延迟结薯；短日照使植株矮小；但日照太长，超过 15 小时以上，则发生茎叶徒长。

5.4.3　形成块茎期

土壤温度到 25 ℃时，块茎生长缓慢，到 30 ℃高温时，块茎停止生长。

5.4.4　盛花期

如水分不足，而温度很高，则茎叶和块茎的增长都会受到阻碍；土壤干燥时，块茎停止生长。

5.5　露地马铃薯栽培

5.5.1　切芽块

（1）播种前的 15 天，挑选具有本品种特征，表皮色泽新鲜、没有龟裂、没有病斑的块茎作为种薯。

（2）为了保证马铃薯出苗整齐，必须打破顶端优势。方法为从薯块顶芽为中心点纵劈一刀切成两块然后再分切。

（3）场地消毒。切芽块的场地和装芽块的工具，要用 2% 的硫酸铜溶液喷雾，也可以用草木灰消毒，减少芽块被感染病菌和病毒的机会。

（4）切刀消毒。马铃薯晚疫病、环腐病等病原菌在种薯上越冬，切刀是病原菌的主要传播工具，尤其是环腐病，目前尚无治疗和控制病情的特效药，因此要在切芽块上下功夫，防止病原菌通过切刀传播。具体做法是：准备一个瓷盆，盆内盛有一定量的75%酒精或0.3%的高锰酸钾溶液，准备三把切刀放入上述溶液中浸泡消毒，这些切刀轮流使用，用后随即放入盆内消毒。也可将刀在火苗上烧烤20~30秒钟然后继续使用，这样可以有效地防止环腐病，黑胫病等通过切刀传染。

（5）切芽块的要求。芽块不宜太小，每个芽块重量不能小于30克，大芽块能增强抗旱性，并能延长离乳期，每个芽块要有1~2个芽眼，多余的芽眼去掉。切好的薯块用草木灰拌种，既有种肥作用，又有防病作用。

5.5.2 整地、施肥、播种

（1）选择地块。适合栽培马铃薯的地块，要土质疏松，通透性好，有机质含量丰富，地势平坦，靠近水源，排灌方便。

（2）合理轮作。马铃薯不宜连作，因为连作能使土传性病虫害加重，容易造成土壤中某些元素严重缺乏，破坏土壤微生物的自然平衡，使根系分泌的有害物质积累增加，影响马铃薯的产量和品质。前茬作物可以是水稻、玉米、葱蒜、瓜类等。

（3）合理施肥。马铃薯对肥料的需要以钾最多，氮次之，磷较少。氮、磷、钾的比例为5∶2∶9。不具备平衡施肥条件的地方，中等地力每亩施农家肥3000千克，含钾量高的三元复混肥75~100千克。

（4）播种。按照垄距为50~60厘米开沟，沟深10厘米，在沟内施化肥，化肥上面施有机肥。在有机肥上面播芽块，尽量使芽块与化肥隔离开。按照马铃薯品种要求的密度播种，早熟品种株距为20厘米，中熟品种株距为25厘米。覆土达6~10厘米厚。中等地力条件下，保证每亩种植5000穴以上。大田播种完成后，在地头、地边的垄沟里播一定量芽块，以备大田缺苗时补苗用。

5.5.3 田间管理

1. 幼苗期（出苗—现蕾）管理

（1）中耕培土。第一次中耕培土时间在苗高6厘米左右，此期地下匍匐茎尚未形成，可合理深锄。10天后进行第二次中耕培土，此期地下匍匐茎未大量形成，要合理深锄，达到层层高培土的目的。现蕾初期进行第三遍培土，此期地下匍匐茎已形成，而且匍匐茎顶端开始膨大，形成块茎，因此要合理浅耕，以免伤匍匐茎。苗期三次中耕培土，增强土壤的通透性，为马铃薯根系发育和结薯创造良好的土壤条件。

（2）防治害虫。苗期乃至结薯期、长薯期的主要虫害是蚜虫、地老虎和红蜘蛛，田间发现个别虫害时，即可防治。防治药物要使用高效低毒低残留的农药。

（3）追肥。在土壤肥力好，底肥充足的条件下，一般不需要追肥。但有必要追肥时，可在 6 叶期追肥，追肥过早，起不到追肥作用，追肥过晚增产效果差，甚至贪青徒长，造成减产。

2. 结薯期（现蕾—落花）管理

（1）对于大量结实的品种，要及早摘除花蕾，节约养分，尤其节约光合产物，促进地下部结薯。摘除花蕾时，不要伤害旗叶。

（2）此期是需水最多的时期，要避免干旱，遇干旱要浇水，使土壤含水量保持田间最大持水量的 70% 左右。

（3）此期易发生、流行马铃薯晚疫病，可在发病前期，用甲霜灵锰锌、瑞毒霉、代森锰锌、百菌清、硫酸铜、敌菌特进行预防。

3. 结薯期（落花—块茎生理成熟）管理

此期根系逐渐衰老，吸收能力减弱，要注重防早衰，叶面喷施一次 0.3% 的磷酸二氢钾溶液，可有效地防早衰，使地下块茎达到生理成熟。

5.5.4 收获

大部分茎叶由绿转黄，继而达到枯黄，地下块茎即达到生理成熟状态，应该立即收获。

5.6 马铃薯地膜栽培

5.6.1 整地、施肥

选择土层肥厚、质地疏松、前茬种植禾谷类作物的土地，在种植前结合施基肥进行深翻。基肥的用量为：每亩农家肥 1500～3000 千克，碳酸氢铵 50 千克，草木灰 200 千克。

5.6.2 种薯准备

选择高产的脱毒马铃薯，剔除坏死芽眼、脐部腐烂、皮色暗淡等薯块。

一般每亩需备种 150～180 千克。

5.6.3　切块

为了保证马铃薯出苗整齐，必须打破顶端优势，方法为从薯块顶芽为中心点纵劈一刀，切成两块然后再分切，每个种薯块不能少于 30 克，并保证每块只留 1～2 个芽眼。切种时为防止病菌从切刀传染，应备用两把切薯刀，一把放于高锰酸钾水溶液中消毒，当遇到病薯时及时切除然后再换经消毒的切薯刀，也可将刀在火苗上烧烤 20～30 秒钟然后继续使用。这样可以有效地防止环腐病，黑胫病等通过切刀传染。切好的薯块用草木灰拌种，既有种肥作用，又有防病作用。

5.6.4　催大芽

地膜覆盖栽培可以直接播种，也可以先催大芽再播种。催大芽可以有效地防治由于土壤湿度过大造成的烂薯现象，增加出苗率。催芽可以在室内、温床、塑料大棚、小拱棚等比较温暖的地方进行。在室内催芽可用两三层砖砌成一个长方形的池子，如在室外就挖一个 20 厘米深的坑，然后放 2 厘米厚湿润的绵砂土，将切好的薯块摆放一层，再铺放 2～3 厘米厚湿润的绵砂土，反复摆放 4～5 层后，将上部用草盖住，20 天左右马铃薯芽可达 1～3 厘米，这时将茎块扒出，平放在室内能见光的地方，2 天后幼芽变成浓绿色则可播种。注意在催芽时经常翻动薯块，发现烂薯马上清除。

5.6.5　栽种

保持每亩种植 5000 株左右。用 1 米宽的地膜种 2 行，2 米宽地膜种 4～5 行。大小行种植时，大行距 60 厘米，小行距 40 厘米，株距 20～25 厘米（7 寸左右），最好开沟播种，种芽向上栽种薯块。在施足底肥的基础上，再用 50 千克的硫酸钾型复合肥做种肥，也可用 20 千克磷酸二铵、20～30 千克碳铵再加 20～25 千克的硫酸钾做种肥，施于播穴或播沟内，注意肥料尽量减少与种薯接触，盖土厚度控制在 8～10 厘米，然后覆盖地膜。盖时膜要让地膜平贴畦面，膜边压紧盖实，防止风吹揭膜，以利增温。如用除草剂时需要注意栽种好一行喷施一行乙草铵除草剂，然后在土壤湿润的情况下马上覆盖地膜可提高效果。

5.6.6 适时放苗

当马铃薯苗破土出苗在 3 厘米以上时，要及时在破土处的地膜上划一个 4～5 厘米的口子，使马铃薯苗露出地膜，同时在地膜破口处放少许细土壤盖住地膜的破口，以防地膜内过高温度的气流灼伤马铃薯幼苗。

5.6.7 马铃薯病害预防

早熟马铃薯易感晚疫病，如遇连阴雨，应及时进行马铃薯病害预防，这个时期如天气晴朗，则必须进行一次防治，这样晚疫病就很少会发生。防治药剂常用甲霜灵锰锌、瑞毒霉、代森锰锌、百菌清、硫酸铜，防治时任选一种药剂，如需第二次防治时可再另换一种喷施。

5.6.8 收获

茎叶由绿变黄并逐渐枯萎，马铃薯生长完全成熟，这时应及时选择土壤适当干爽时的晴天进行收获。

5.7 病虫害及防治

5.7.1 马铃薯早疫病防治方法

（1）选用早熟抗病品种，适当提早收获。

（2）选择土壤肥沃的高燥田块种植，增施有机肥，推行配方施肥，提高马铃薯抗病力。

（3）发病前开始喷洒 75％百菌清可湿性粉剂 600 倍液或 80％新万生可湿性粉剂 600 倍液、70％代森锰锌可湿性粉剂 500 倍液、64％杀毒矾可湿性粉剂 500 倍液、40％克菌丹可湿性粉剂 400 倍液、1∶1∶200 波尔多液、77％可杀得可湿性微粒粉剂 500 倍液，每隔 7～10 天 1 次，连续防治 2～3 次。

5.7.2 马铃薯晚疫病防治方法

（1）选用抗病品种，如克新 1 号、克新 12 号、克新 13 号、克新 18 号、L2-12 等。

（2）选用无病种薯，减少初侵染源。做到秋收入窖，冬藏查窖、出窖、切块、春化等过程中，每次都要严格剔除病薯，有条件的要建立无病留种地，进行无病留种。

（3）加强栽培管理。适期早播，选土质疏松、排水良好田块，促使植株健壮生长，增强抗病力。

（4）发病初期开始喷洒40％三乙膦酸铝可湿性粉剂200倍液，或58％甲霜灵·锰锌可湿性粉剂或64％杀毒矾可湿性粉剂500倍液、60％琥·乙膦铝可湿性粉剂500倍液、72％克露可湿性粉剂700～800倍液、69％安克锰锌可湿性粉剂1000倍液、72.2％普力克水剂800倍液、1∶1∶200倍波尔多液，隔7～10天1次，连续防治2～3次。

5.7.3　马铃薯立枯丝核菌病防治方法

（1）选用抗病品种，如渭会、高原系统、胜利1号等。

（2）建立无病留种田，采用无病薯播种。

（3）发病重的地区，尤其是高海拔冷凉山区，要特别注意适期播种，避免早播。

（4）播种前用50％多菌灵可湿性粉剂500倍液，或50％福美双可湿性粉剂1000倍液浸种10分钟。

5.7.4　马铃薯粉痂病防治方法

（1）严格执行检疫制度，对病区种薯严加封锁，禁止外调。

（2）病区实行5年以上轮作。

（3）选留无病种薯，把好收获、储藏、播种关，汰除病薯，必要时可用2％盐酸溶液或40％福尔马林200倍液浸种5分钟，或用40％福尔马林200倍液将种薯浸湿，再用塑料布盖严闷2小时，晾干播种。

（4）增施基肥或磷钾肥，多施石灰或草木灰，改变土壤酸碱度。加强田间管理，提倡采用高畦栽培，避免大水漫灌，防止病菌传播蔓延。

5.7.5　马铃薯疮痂病防治方法

（1）选用无病种薯，一定不要从病区调种。播前用40％福尔马林120倍液浸种4分钟。

（2）多施有机肥或绿肥，可抑制发病。

（3）与葫芦科、豆科、百合科蔬菜进行5年以上轮作。

（4）选择保水好的菜地种植，结薯期遇干旱应及时浇水。

5.7.6　马铃薯癌肿病防治方法

（1）严格检疫，划定疫区和保护区。严禁疫区种薯向外调运，病田的土壤及其上生长的植物也严禁外移。

（2）选用抗病品种。

（3）重病地不宜种马铃薯，一般病地也应根据实际情况改种非茄科作物。

（4）加强栽培管理，做到勤中耕施用净粪，增施磷钾肥，及时挖除病株集中烧毁。

（5）必要时病地进行土壤消毒。

（6）及早施药防治。坡度不大、水源方便的田块在植株 70％出苗—齐苗期，用 20％三唑酮乳油 1500 倍液浇灌。在水源不方便的田块可于苗期、蕾期喷施 20％三唑酮乳油 2000 倍液，每次亩喷对好的药液 50～60 升，有一定防治效果。

5.7.7　马铃薯干腐病防治方法

（1）生长后期注意排水，收获时避免伤口，收获后充分晾干再入窖，严防碰伤。

（2）窖内保持通风干燥，窖温控制在 1～4 ℃，发现病烂薯及时汰除。

5.7.8　马铃薯白绢病防治方法

（1）发病重的地块应与禾本科作物轮作，有条件的可进行水旱轮作效果更好。

（2）深翻土地，把病菌翻到土壤下层，可减少该病发生。

（3）在菌核形成前，拔除病株，病穴撒石灰消毒。

（4）施用充分腐熟的有机肥，适当追施硫酸铵、硝酸钙。

（5）调整土壤酸碱度，结合整地，每亩施消石灰 100～150 千克，使土壤呈中性至微碱性。

（6）病区可用 40％五氯硝基苯 1 千克加细干土 40 千克混匀后撒施于茎基部土壤上或喷洒 50％拌种双可湿性粉剂 500 倍液、50％混杀硫或 36％甲基硫菌灵悬浮剂 500 倍液、20％三唑酮乳油 2000 倍液，每隔 7～10 天 1 次。此外，也可用 20％利克菌（甲基立枯磷）乳油 1000 倍液于发病初期灌穴或淋施 1～2 次，每隔 15～20 天 1 次。

5.7.9　马铃薯黑胫病防治方法

（1）选用抗病品种和无病种薯。

（2）选用无病种薯，建立无病留种田。

（3）切块用草木灰拌后立即播种。

（4）适时早播，促使早出苗。

（5）发现病株及时挖除，特别是留种田更要细心挖除，减少菌源。

（6）种薯入窖前要严格挑选，入窖后加强管理，窖温控制在 1～4 ℃，防止窖温过高，湿度过大。

5.7.10　马铃薯青枯病防治方法

（1）种植无病种薯，建立无病种薯繁育基地和无青枯病的留种体系，包括用脱毒试管苗繁殖原原种和从未发生过青枯病的地块生产种薯。

（2）实行马铃薯与非寄主植物 3 年以上轮作。

（3）小整薯播种，以杜绝切块时通过切刀感染。

（4）及时挖除病株及病薯，病穴最好用科博 500 倍液灭菌，对与病株相邻的植株，进行药剂灌根。

5.7.11　马铃薯环腐病防治方法

（1）建立无病留种田，尽可能采用整薯播种。有条件的最好与选育新品种结合起来，利用杂交实生苗，繁育无病种薯。

（2）选用种植抗病品种。

（3）种薯切块时应用 75％酒精、3％苯酚对切刀消毒。最好用小种薯整播，连续 2～3 年可杜绝环腐病的危害。

（4）播前汰除病薯。把种薯先放在室内堆放五六天，进行晾种，不断剔除烂薯，使田间环腐病大为减少。此外用 50 ppm 硫酸铜浸泡种薯 10 分钟有较好效果。

（5）及时挖除病株及病薯，病穴最好用科博 500 倍液灭菌。

（6）结合中耕培土，及时拔除病株，携出田外集中处理。

5.7.12　马铃薯软腐病防治方法

（1）加强田间管理，注意通风透光和降低田间湿度。

（2）及时拔除病株，并用石灰消毒减少田间初侵染和再侵染源。

（3）避免大水漫灌。

（4）喷洒50％琥胶肥酸铜可湿性粉剂500倍液，或12％绿乳铜乳油500倍液，或14％络氨铜水剂300倍液。

5.7.13 马铃薯病毒病防治方法

（1）采用无毒种薯，各地要建立无毒种薯繁育基地，原种田应设在高纬度或海拔高地区，并通过各种检测方法汰除病薯，推广茎尖组织脱毒，生产田还可通过二季作或夏播获得种薯。

（2）培育或利用抗病或耐病品种。在条斑花叶病及普通花叶病严重地区，可选用抗病品种。

（3）出苗前后及时防治蚜虫。尤其靠蚜虫进行非持久性传毒的条斑花叶病毒更要防好。防治蚜虫的药剂很多，内吸剂有吡虫啉、蚜虱净等，有渗透作用的灭多威（快灵、万灵）等，有触杀作用的辛硫磷、毒死蜱（乐斯本）、敌杀死（溴氰菊酯）等。

（4）改进栽培措施。包括留种田远离茄科菜地；及早拔除病株；实行精耕细作，高垄栽培，及时培土；避免偏施过施氮肥，增施磷钾肥；注意中耕除草；控制秋水，严防大水漫灌。

（5）发病初期喷洒抗毒丰（0.5％菇类蛋白多糖水剂）300倍液或1.5％植病灵1号乳剂1000倍液，或20％病毒A可湿性粉剂500倍液。

5.8 储存保鲜气象服务指标

（1）收获后的后熟阶段，要求温度为10～15℃，空气相对湿度为95％，处理10～15天左右以恢复收获时被破坏了的表面保护结构。

（2）一定要适当通风透气。

（3）马铃薯能耐受较低的温度，但在不同的储藏温度下薯块内部会发生不同的变化。0～3℃时薯块中的许多淀粉会变成糖；而在10℃以上时，薯块中的糖又会转变为淀粉，薯块中糖分较多而不受欢迎，可以放在15～20℃下处理一段时间，使薯块中的糖转变为淀粉。经过低温储藏的薯块容易发芽，发芽率高而整齐，特别适合作种薯用。

（4）温度0～2℃，空气相对湿度85％～90％，可以控制发芽。

（5）低温储藏要避免低于0℃。

6 烟叶

烟草原产于美洲，西班牙殖民者将其带到欧洲，18世纪时烟草传入中国。

6.1 烟草生长的环境条件

6.1.1 温度

烟草是一种喜温作物，地上部在8～38 ℃范围内，均能生长，生长发育的适温是25～28 ℃，在−3～−2 ℃时，烟株就会死亡。地下部在7～43 ℃都能生长，但最适宜的温度是31 ℃。种子发芽的最适温度是24～29 ℃，最低温度为7.5～10 ℃，最高温度为35 ℃。温度低于7.5 ℃种子发芽过程停止；高于30 ℃，发芽过程缓慢；超过35 ℃，则会使已经萌动的种子逐渐丧失生命力。烟草移栽期一般应在晚霜过后，气温不低于10 ℃，叶片成熟期较理想的日均温是24 ℃左右，持续30天，可生产优质烟叶。

6.1.2 水分

一般是生长前期需水，中期最多，后期又少。苗床期土壤水分保持在田间持水量的70%左右为宜，移栽前10～15天停止供水，进行炼苗。移栽到还苗期，叶面蒸腾量小，平均每天耗水量3.5～6.4毫米。还苗到团棵期，平均每天耗水量6.6～7.9毫米，土壤水分保持在田间持水量的60%为宜；低于40%则生长受阻，高于80%，根系生长较差，对后期生育不利。团棵至现蕾期，平均每天耗水量7.1～8.5毫米，土壤水分保持在田间持水量的80%为宜，此期如缺水，生长受阻，若长期干旱，会出现早花或早烘。现蕾至成熟期，平均每天耗水量5.5～6.1毫米，土壤水分保持在田间持水量的60%为宜，此期水分应稍少些，可提高烟叶品质；如土壤水分过多，易造成延迟成熟和品质下降。

6.1.3 日照

烟草一直需要足够的光照，但大多数品种对日照长短要求不严格。烤烟

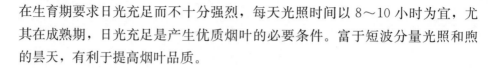

在生育期要求日光充足而不十分强烈，每天光照时间以 8～10 小时为宜，尤其在成熟期，日光充足是产生优质烟叶的必要条件。富于短波分量光照和煦的昙天，有利于提高烟叶品质。

6.1.4　土壤

烟草虽然可以在多种类型土壤上生长，但对生长优质烟来说，对土壤要求比较严格。以红土为优，其次是红黄土、沙土和两合土，而潮垆土（黑土）最差。

6.1.5　天气现象

大风和冰雹天气对烟叶的危害比对其他任何作物都严重，不论是在苗床或大田期，都可能会带来严重的损失。因此，在烟草生育期内经常出现大风和冰雹的地区，不能种植烟草。

6.2　适宜的气象条件

（1）苗床期：适宜温度 25～29 ℃，最低温度为 7.5～10 ℃，最高温度为 35 ℃。田间持水量 70％左右为宜。

（2）移栽到还苗期：适宜温度 18 ℃左右，需水量 80～100 毫米。

（3）还苗到团棵期：田间持水量 60％为宜。

（4）团棵至现蕾期：田间持水量 80％为宜。

（5）现蕾至成熟期：适宜温度 24 ℃，田间持水量 60％为宜。

6.3　不利的气象条件及影响程度

（1）苗床期：温度低于 7.5 ℃，种子发芽过程停止；高于 30 ℃，发芽过程缓慢；超过 35 ℃，则会使已经萌动的种子逐渐丧失生命力。

（2）移栽期：气温不低于 10 ℃。

（3）还苗期：田间持水量低于 40％则生长受阻，高于 80％，根系生长较差，对后期生育不利。

（4）团棵至现蕾期：田间持水量低于 80％生长受阻，若长期干旱，会出现早花或早烘。

（5）现蕾至成熟期：田间持水量的 60％ 为宜，此期水分应稍少些，可提高烟叶品质；如土壤水分过多，易造成延迟成熟和品质下降。

6.4　农事建议

6.4.1　育苗

烟草种子在催芽以前，应放在 15～20 ℃的日光下晒 2～3 天，以提高种子的发芽势及发芽率。要培育壮苗，一是采用双层薄膜纸筒育苗新技术，纸筒直径不小于 4 厘米，高度为 6～7 厘米，每平方米育苗 625 棵，10 米² 1 畦的苗床可供 4 亩烟田栽植使用。二是配制营养土，用 60％ 的大田土和 40％ 经过腐熟的猪圈粪作为基质，每畦需营养土 0.8～1.0 米³，消毒后再拌入复合肥 3～4 千克。三是适时早播、早移栽，可使产量提高 20％，品质提高 25％。四是苗床管理，由于播种时气温较低，易受低温危害，要按照烟苗生长对温湿度的要求，及时调控。一般进行两次间苗，第一次在"十字期"后进行，苗距 1.5～2 厘米，第二次间（定）苗在 4～5 片真叶时进行，苗距 6～8 厘米。

6.4.2　大田管理

（1）查苗补缺，促小控大。移栽后要浇水补苗及查苗补苗，补栽时穴内可施少量复合肥或速效氮肥，并施毒饵。促小苗控大苗，使全田生长一致，达到苗全、苗齐、苗壮。

（2）中耕培土。一般中耕 2～3 次，结合除草。第一次在栽后 7～10 天，浅锄，不翻土，不动根，不盖苗。第二次在栽后 15～20 天，窝内稍浅，6～7 厘米深；株间稍深，10 厘米左右，除去杂草。第三次中耕在栽后 25～30 天内，结合最后一次追肥和培土，此时根系已很发达，中耕宜浅。培土可结合中耕除草进行，培土后塄高达 40～45 厘米，才能起到培土的作用。如果只进行一次大培土，则在栽后 25～30 天进行。大培土过早或过迟，都会影响烟株生长。

（3）灌溉和排水。如果表层土壤干到田间最大持水量的 60％ 以下，早晨地面不回潮，白天叶片萎蔫，傍晚尚不能恢复，表明需要灌溉。灌溉以傍晚或夜晚为宜。移栽时要浇足水，一般每穴灌 1.5～2 千克水。穴灌（株灌）或沟灌，切忌漫灌、淹灌。烟草相对耐旱不耐涝，田间不能积水。

（4）封顶打杈。①封顶。视烟株长势，采取现蕾打顶和现花打顶两种方法，留足叶片数，打去花杈部分。②打杈。打去长 5 厘米以上的腋芽，用化学药剂进行涂抹或淋株至烟株 1/3 处，化学抑芽必须达 90％以上。

（5）田间卫生。保持田间卫生，做到埂无杂草、沟无积水、无药袋药瓶、无废膜、无花无杈，无废叶。

6.4.3 采收

成熟采收是优质烟生产的重要环节之一。烟叶成熟的特征是：叶片由绿色变为黄绿色，叶面上茸毛脱落，茎叶角度增大（近似 90 度）。下部叶片主脉发白，中部叶支脉发白，上部叶主支脉发白，且在叶面上出现黄斑才可采收烘烤。

6.5 病虫害及防治

6.5.1 普通花叶病

幼苗和成株均可受害，幼苗叶片的叶脉变浅绿色，呈半透明"明脉"状，几天后形成黄绿相间的"花叶"。大田期烟株发病后，先在心叶上发生"明脉"现象，后呈现花叶、泡斑、畸形、叶片皱缩扭曲，叶片向下卷曲或叶尖变窄等。该病毒（TMV）靠接触摩擦传毒，混有病残体的种子、肥料、土壤及其他寄主，甚至烤过的烟叶及碎末都可成为初侵染源。带病烟苗是大田发病的重要病源。在田间靠病株与健株接触及人在烟田操作时手、衣服、农具与烟株的接触传毒。

6.5.2 黄瓜黄叶病

发病初期叶片呈"明脉""花心"症状，严重时上部叶片变窄，叶缘上卷、扭曲、畸形，植株矮化，中下部叶片的侧脉两侧形成褐色"闪电状"坏死斑纹。该病（CMV）主要在蔬菜、多年生树木及农田杂草上越冬，通过蚜虫、人的农事操作和机械接触传播。主要靠蚜虫传毒。

6.5.3 烟草马铃薯丫病毒病

大田成株期发病较多、系统侵染、整株发病，表现为叶面、叶脉、茎部深褐色坏死。该病（PUY）在马铃薯块茎及温室大棚同年栽植的茄科作物（番茄、辣椒等）及多年生杂草上越冬。

6.5.4 烟草蚀纹病毒病

主要发生在大田期，病斑先是褪绿的密集的小黄点，严重时可布满叶面，随后沿叶脉扩展为褐白色线状的蚀纹斑。该病毒（TEV）在越冬蔬菜及田间杂草上越冬，靠蚜虫和摩擦接触传毒。

6.5.5 烟草环斑病毒病

叶片上生成直径 4～6 毫米的环形坏死斑或弧形波浪线条斑，植株矮化，叶片变小，结实少或不结实。该病毒（TRSV）在烟草、大豆及多种杂草上越冬，通过蚜虫、线虫、蓟马和农具等途径传毒。

6.5.6 烟草甜菜曲顶病毒病

大田期发病，病株严重矮化、节间缩短，叶片皱褶，叶缘向外反卷，叶肉呈泡状，叶色浓绿，重者顶芽呈僵顶，后逐渐枯死。该病毒（BCTV）在多年生寄主植物上越冬，田间主要靠叶蝉传毒。

6.5.7 马薯 X 病毒病

主要为成株期发病，表现为叶片产生明脉、轻花叶或褪绿斑驳、环斑、坏死性条斑等症状。该病毒（PVX）在马铃薯块茎及其他寄主上越冬，靠蚱蜢、螽斯等咀嚼式口器昆虫或汁液接触传毒。蚜虫和种子不传毒。

上述病毒病在同一烟株上可发生复合侵染，加重病情，田间识别时通过上述症状做出判断，并采取以隔断毒源为主的防治措施。

6.6 防治技术

（1）合理轮作。与禾本科作物进行 2～3 年轮作，并远离温室、大棚和露地栽培的茄科作物，防止传毒。

（2）种植抗病品种。遵照当地烟草公司的布局要求，种植他们推荐的品种，因为他们选定的品种符合工业加工和抗病性双重要求。

（3）培育无病壮苗。选择 2 年以上未种过烟草及茄科作物的田土作苗床，不施被 TMV 污染的有机肥，种子 0.1％磷酸三钠液浸种 10 分钟，钝化病毒后，进行催芽播种育苗。苗床进行塑料拱棚覆盖，进行科学管理。育苗人员操作时不准吸烟，严防病毒污染苗床，确保育出健苗。移栽前，用 2％菌克毒克（宁南霉素）200～260 倍液喷洒烟苗 1～2 遍，预防发病。该药具有破坏病毒粒体，提高烟苗抗病毒能力的作用。

（4）选用健苗移栽，严格汰除病苗。栽烟时只选用健壮、无任何病状的苗，对汰除的病苗进行深埋销毁，严防病苗进入大田。在栽苗成活后，及时进行田间除草，断绝杂草上越冬的病毒侵染烟苗。对表现症状的病苗要进行拔除，结合补苗进行补栽，确保田间没有病苗。操作人员事先要用肥皂水将手洗净，并不准在操作中间吸烟，也不要在田间反复走动、触摸烟苗，防止人为传毒。栽苗时，要做到合理密植，施足肥料，浇好移苗水，保证成活和提高植株抗病力。

（5）及时喷药，预防田间发病。在栽苗后 15 天开始第一次施药，首选 2％菌克毒克水剂 200～260 倍液喷洒烟苗，以后每隔 10～15 天喷洒 1 次，每次每亩地用药液 40～50 升。田间如有烟蚜发生，可与抗蚜威、吡虫啉等杀虫剂混用，兼防外来的蚜虫传毒，应连续防治 2～3 次。为了补充叶面肥时，该药亦可与叶面肥，按各自的浓度混用。单用叶面肥时，以 0.1％褐藻酸钠较好，兼有促长和防病作用。

第三篇　蔬菜

7 大白菜

7.1 生长发育期气象指标

种植期：月平均气温 15~18 ℃最为适宜，最高 21~24 ℃，最低 7 ℃。

发芽期：一般在 20~25 ℃发芽快而健壮，26~30 ℃发芽迅速但幼苗瘦弱，高于 30 ℃生长不良。

幼苗期：适宜温度 22~25 ℃，也能适应 26~30 ℃。

莲座期：适宜温度 17~22 ℃，过高叶徒长，过低生长缓慢。

结球期：适宜温度 12~22 ℃。

包心期：低于−3 ℃时易受冻害。

储存期：适宜温度 0~2 ℃，空气相对湿度 85%~90%，气温降至−2 ℃以下，菜心冻结。

7.2 应采取的农业技术措施及农事活动

7.2.1 品种选择

大白菜品种很多，可分为直筒型、原头型和卵圆型三个基本生态类型。从生长期长短分为早、中、晚。主要优良品种有：秦白二号、双抗 78、太原二青、东京五号、新乡小包 23、新乡 90~3、中包 75、晋菜 3 号等。

7.2.2 播种时间

一般情况下，临汾平川在立秋前后 3~5 天播种为宜，高温年份可推迟到 8 月中旬。抗病、生长期长的晚熟品种可以适当早播，生长期短的中熟品种可适当晚播几天。近年，随着全球气候的变暖，适宜播种期一般在立秋后 7~10 天。

7.2.3 整地施肥

大白菜不能连作，也不能与其他十字花科蔬菜轮作，这是预防病虫害的重要措施之一。前茬作物收获后，要及时整地施肥，可亩施有机肥 4000～5000 千克，氮磷钾复合肥 25～40 千克。

7.2.4 种植技术

1. 播种

播种分为直播和育苗移栽两种，一般依前茬作物的收获早晚而定。前茬作物收获早，又能及时整地作畦的，可采用直播法，否则，就采用育苗移栽的方法。直播比育苗移栽晚 10 天左右播种。种植大白菜一般采用高垄和平畦两种模式栽培。高垄一般每垄栽一行，垄高 12～15 厘米。平畦每畦栽两行，畦宽依品种而定。直播有穴播和条播两种方法。穴播是在行内或垄顶按一定的株距开穴。早熟品种行距 55～60 厘米，株距 40～50 厘米，每亩 3000 株左右，中晚熟品种行距 65～70 厘米，株距 55～60 厘米，每亩栽植 2500 株左右。穴长 8～10 厘米，深 1～1.5 厘米左右，每穴播 5～6 粒，每亩用种0.15 千克左右。条播是按行距开 5～10 厘米深的沟，先顺沟浇水，水渗后，将种子均匀撒在沟内，并撒盖 1 厘米厚的细土，每亩用种量 0.3 千克左右。直播大白菜待幼芽出土后，采取勤浇小水，保持地面湿润而降低地表温度的措施。在无雨的情况下，一般于播种当日或次日浇水一遍，务求将垄面湿透。播种第三日浇第二遍水促使大部分幼芽出土。

2. 苗期管理

苗出齐后，在子叶期、拉十字期、3～4 叶期进行间苗。间除并生、过密、拥挤、病、虫、弱、残苗。在 5～6 叶时定苗，苗距 10 厘米。在高温干旱年份，适当晚定苗，使幼苗密集，遮盖地面，降低地温，减轻病害的发生。此外，晚定苗还有机会拔除早发病的植株，延长选优的时间。间苗时、可将过密处的小苗移栽在缺苗处。补苗应在下午凉爽时进行。补后及时浇水。每次间苗、定苗后，应立即浇水，防止因苗根系翘虚而萎蔫。此期正处于雨季后期，多雨、高温、干旱等灾害性天气多于此期发生。幼苗期植株生长速度很快，但是根系很小，吸收能力很弱。因此，必须及时追肥和浇水。干旱时应2～3 天浇 1 次小水，保持地面湿润。浇水的主要目的除补充水分外，还兼有降低地温、防止高温灼伤幼苗根系及抑制病毒病发生的作用。在高温、干旱天气，除及时浇水外，还可临时在中午遮阳降温。

苗期遇大雨积涝时，应及时排水防涝。土壤稍干，抓紧中耕松土。结合中耕，除草2～3次。遇热雨积涝时，应浇冷凉的井水串灌，以降低地温。大白菜苗期蚜虫发生严重，且易导致病毒病的流行。为此应采用纱网阻挡蚜虫危害，并及时进行药剂防治。

3. 移栽定植

苗龄一般在15～20天，幼苗有5～6片真叶时，为移栽的最佳适期。移栽最好在下午进行。根据品种的特性确定适宜的密度。栽后立即浇水。以后每天早晚各浇一次水，连续3～4天，以利缓苗保活。

7.2.5 肥水管理

1. 追肥

大白菜产量高，需肥量大，在施足底肥的基础上，要及时追肥，追肥要根据不同的生长时期和苗情决定。幼苗期一般不追肥。若底肥不足，第一次可在3～4片真叶期施提苗肥，每亩施复合肥10千克，撒施于幼苗两侧，并立即浇水；第二次在定苗或育苗移栽后，每亩施复合肥15～20千克发棵肥，于垄两侧开沟施入；第三次在莲座期大追肥，每亩施尿素15～20千克，过磷酸钙10～15千克，将肥料施入沟内或穴内，再稍加培土扶垄，然后浇水；第四次在结球中期施灌心肥，每亩施尿素10～15千克，可随水冲施。

2. 浇水

大白菜从团棵到莲座期，气温日渐下降，天气温和，此间可适当浇水，莲座末期可适当控水数天，到第三次追肥后再浇水。大白菜进入结球期后，需水分最多，因此，刚结束蹲苗就要浇一次透水。然后隔2～3天再接着浇第二次水。这一次很重要，这时如土壤干裂，会使侧根断裂，细根枯死，影响结球。以后，一般5～6天浇一次水，使土壤保持湿润。

7.3 病虫害及防治

7.3.1 蚜虫

6叶期前用10％吡虫啉可湿性粉剂3000倍液或3％啶虫脒乳油5000倍液喷雾防治，注意往叶背面喷药。

7.3.2 病毒病

及早治蚜。发病初期喷洒 20％病毒 A 可湿性粉剂 500 倍液，或 1.5％植病灵乳剂 1000 倍液，隔 10 天喷 1 次，连喷 2～3 次。

7.3.3 霜霉病、黑斑病

用 58％甲霜灵、锰锌可湿性粉剂 500 倍液，或 64％杀毒矾可湿性粉剂 400 倍液，或 25％甲霜灵可湿性粉剂 750 倍液喷雾，7 天 1 次，连喷 3 次。

7.3.4 炭疽病、白斑病

用 70％甲基硫菌灵可湿性粉剂 1000 倍液，或 70％代森锰锌可湿性粉剂 500 倍液喷洒。

7.3.5 软腐病、黑腐病、细菌性角斑病

用 72％农田链霉素可溶性粉剂 4000 倍液，或 1％新植霉素可湿性粉剂 4000 倍液喷雾或灌根。

7.3.6 菜青虫、小菜蛾

应在卵孵化高峰期及低龄幼虫盛发期用药。用 1.8％阿维菌素乳油 3000～4500 倍液，或 Bt·乳剂 100～1500 克/亩，或 25％灭幼脲悬乳剂 1000 倍液喷雾防治，要注意轮换用药。

7.3.7 地下害虫

在田间放置糖醋液盆（按糖：醋：水＝1：1：2.5 的比例配制，内加少量锯末和美曲膦酯）诱捕成虫，当诱捕到的雌雄成虫数量大约相近时，开始喷药，大白菜帮基部及周围地面是重点喷药区，用 48％乐斯本乳油 1500 倍液喷雾防治。

8 番茄

8.1 生长发育期气象指标

育苗期：适宜温度白天 25～30 ℃，夜间≥10 ℃。其中，齐苗至分苗期适宜温度白天 20～25 ℃，夜间≥10 ℃；分苗期一周适宜温度白天 15～20 ℃，夜间 3～5 ℃；分苗—缓苗期适宜温度白天 20～25 ℃，夜间 10 ℃左右；缓苗后适宜温度白天 15～20 ℃，夜间 3～5 ℃；定植前 10 天的适宜温度白天 15 ℃，夜间 2～5 ℃。

营养生长期：适宜温度 25 ℃左右。

果实发育期：最适宜温度白天 18～25 ℃，夜间 10～20 ℃。绿熟番茄在 20～25 ℃条件下，只需 5～7 天可完成后熟。

全生育期：90～150 天，需水量 400～600 毫米。

储藏期：青番茄适宜温度 10～12 ℃，空气相对湿度 80％～90％；红番茄适宜温度 0～5 ℃，空气相对湿度 85％～90％。

8.2 应采取的农业技术措施及农事活动

8.2.1 产地环境

要选择地势高燥、排灌方便、地下水位较低、土层深厚疏松的壤土地块。

8.2.2 种子

选择抗病、优质、高产、商品性好、耐储运、适合市场需求的品种。

（1）种子处理

①温汤浸种。把种子放入 65 ℃热水中，搅拌至 30 ℃后浸泡 3～4 小时。主要防治叶霉病、溃疡病、早疫病、晚疫病。

②磷酸三钠浸种。先用清水浸种 3～4 小时，再放入 10％磷酸三钠溶液中浸泡 20 分钟，捞出洗净，主要防治病毒病。

③干热处理。将干燥种子放于 80 ℃的恒温箱中处理 48 小时，可有效防治病毒病。

（2）浸种催芽

浸种后将种子放置在 25～28 ℃的条件下催芽，待 60％～70％的种子出芽即可播种。

8.2.3　培育无病虫壮苗

（1）播种前准备

①选用温室、大棚、阳畦等育苗设施，为有效防治病虫害，育苗应配有防虫遮阳设施。

②调制营养土。用 1/3 充分腐熟的圈肥，2/3 无病原物熟土，拍细过筛；每立方米营养土中，加过磷酸钙 1 千克，草木灰 5 千克或氮、磷、钾复合肥 2 千克。

③苗床消毒。可用如下两种方法之一：一是每平方米播种床用福尔马林 30～50 毫升，加水 3 升，喷洒床土，用塑料薄膜闷盖 3 天后揭膜，待气味散尽后进行播种；二是每立方米营养土掺入 50％的多菌灵 80 克。

（2）播种育苗

①播种期。适宜播种期为 2 月上旬—4 月下旬。可育苗定植，也可直播。

②播种量。根据种子芽率确定用种数量，每亩栽培面积，育苗定植用种量 20～30 克，直播用种量 100 克左右。

③播种方法。当催芽种子 70％以上露白时即可播种。播种前苗床浇足底水，湿润至床土深 10 厘米。水渗下后用营养土薄撒一层，找平床面，然后均匀地撒播，播后覆营养土 0.8～1.0 厘米。每亩苗床再用 50％多菌灵可湿性粉剂 8 克或 50％拌种双粉剂 7 克，拌上细土均匀薄撒于床面上，用以防治猝倒病。积极提倡采用营养钵、穴盘、纸袋等方法播种育苗。

（3）苗期管理

①出苗前的管理。白天高温天气要进行遮阳，床温不宜超过 30 ℃，雨天加盖薄膜防雨。育苗期间不要使夜温过高。播种后出苗前苗床土要保持湿润，不能见干，畦面可覆盖草苫进行保湿。

②分苗。在 2～3 片真叶时进行分苗。将幼苗分入事先调制好营养土的分苗床中，行距 12～13 厘米，株距 12～13 厘米。也可分入直径 10～12 厘米的营养钵或 50、72 穴的穴盘中。

③分苗后的管理。分苗后缓苗期间，午间应适当遮阳，白天床温 25～30 ℃，夜间 18～20 ℃；缓苗后白天 25 ℃左右，夜间 15～18 ℃。定植前数天，适当降低床温锻炼秧苗。

④苗期防病。苗期发现病虫苗及弱苗应及时拔除。苗期可喷 2 遍杀菌剂（200～250 倍波尔多液是适宜的保护药剂即 1∶200～250），预防病害。

⑤壮苗标准。4 叶 1 心，株高 15 厘米左右，茎粗 0.4 厘米左右。

8.2.4　定植

（1）定植前准备

整地施肥，施肥应坚持以有机肥为主，氮、磷、钾、微肥配合施用。整地时每亩施腐熟的优质有机肥 5～7 米³，氮、磷、钾复合肥 50～60 千克，过磷酸钙 100 千克，施肥后进行深耕，将地整平。

（2）定植

①定植时间。一般于 5 月上旬—6 月下旬进行。

②定植方法。如果用营养钵者，一同栽入土中，不用营养钵者，宜在定植前 4～5 小时浇一次透水，多带土，减少伤根。定植时南北向畦，定植密度视品种的特性、整枝的方式、气候与土壤条件及栽培的目的等而定，一般每亩定植 2500～3300 株。

8.2.5　田间管理

（1）灌溉与排水

生长初期，需水较少，但到结果旺期，正是夏季高温季节，蒸发大，需水更多。往往每隔 3～5 天灌水一次，做到定时定量灌水，结合施肥（粪肥）进行，沟灌时水面不宜高于畦面。高山越夏番茄应结合降雨进行施肥。

（2）追肥

除基肥外，要有充分的追肥。定植后一星期内，施一次"催苗"肥，促进苗期的营养生长；到第一穗果开始膨大后，要施第二次追肥；第一穗果将要成熟，第二穗果相当大时，茎叶又生长，需肥很多，要第三次施速效的肥料；到第一至二穗果采收，第三至四穗果实正在迅速生长，又要施第四次、第五次肥料。追肥和基肥一样，不宜偏施氮肥，而要配合磷、钾肥。用人粪尿作追肥时，初期施用宜薄些，后期要浓些。在第一、二次追肥时，每亩宜加 10~15 千克过磷酸钙。如果在生长前期发现叶色淡黄，可施一次尿素，每亩 15~20 千克，效果很好。

（3）中耕、除草与地面覆盖

中耕常与除草及培土结合进行，一般在定植缓苗后进行第一次中耕，第二次在定植后一个月左右，此次中耕结合培土，将畦沟锄松培于畦面上与植株四周，加高畦面。此后因植株已高大，不再中耕、培土。利用塑料薄膜地面覆盖，能促进根系及茎叶的生长，提早开花结果，增加产量。

（4）植株调整整枝

主要有下列两种方式：①单干式。这种方法只留主干，而把所有的侧枝全部摘除。②双干式。除主枝外，再留第一次花序直下叶腋所生的一条侧枝，而把其他的侧枝全部摘去。整枝摘芽工作不可过早或过迟，因植株各部分生长有相互的作用。叶腋的生长能刺激根群的生长，过早的摘除腋芽，会影响根系的生长，而且引起根群内输导系统的发育不完全。因此当侧芽长到 4.7 厘米时进行摘除，并要在晴天中午进行，以利伤口愈合。此外，在番茄的植株调整中，还要结合摘花、摘叶及摘心等工作。

（5）落花落果及其防治

落花的原因主要是由于外界环境条件不适宜而影响到花器的发育不良，花粉管的伸长缓慢，以及水分缺乏，营养不良所引起花柄离层的形成。如果落花的原因系由于营养及水分的不足、阳光过弱或下雨过多等，就要从栽培技术上去解决。若由于温度过低或过高所引起的落花，则可用生长调节剂。

（6）保果疏果

①保果。在不适宜番茄坐果的季节，使用防落素、番茄灵等植物生长调节剂处理花穗。

②疏果。除樱桃番茄外，为保障产品质量应适当疏果，大果穗品种每穗选留 3~4 果，中果型品种每穗选留 4~6 果。

（7）采收

采收所用工具要保持清洁、卫生、无污染。要及时分批采收，减轻植株负担，确保商品果品质，促进后期果实膨大。

8.3　病虫害及防治

主要病害有猝倒病、立枯病、茎基腐病、黄萎病、灰霉病。

主要虫害有茶黄螨、红蜘蛛、蚜虫、粉虱、棉铃虫、烟青虫、小地老虎。

8.3.1　农业防治

（1）选用抗病品种

针对当地主要病虫控制对象及地片连茬种植情况，选用有针对性的高抗多抗品种。

（2）清洁田园

及时摘除病叶、病果，拔除病株，带出地片深埋或销毁，进行无害化处理，降低病虫基数。

（3）健身栽培

加强苗床环境调控，培育适龄壮苗。加强养分管理，提高抗逆性。加强水分管理，严防干旱或积水。结果后期摘除基部的老叶、黄叶。

（4）轮作换茬

实行严格的轮作制度，与非茄果类蔬菜同一地块至少隔 3 年再进行栽培，有条件的地区实行水旱轮作。

（5）设施防护

夏季育苗和栽培应采用防虫网和遮阳网进行遮阳、防虫栽培，减轻病虫害的发生。

8.3.2　物理防治

（1）杀虫灯诱杀

利用电子杀虫灯诱杀鞘翅目、鳞翅目等害虫。杀虫灯悬挂高度一般为灯的底端离地 1.2～1.5 米，每盏灯控制面积一般在 1.33～2.0 公顷。

（2）色板诱杀

在田间悬挂黄色黏虫板诱杀粉虱、蚜虫、斑潜蝇等害虫，30×20 厘米的黄板每亩放 30～40 块，悬挂高度与植株顶部持平或高出 5～10 厘米，并在田间四周张挂银灰色反光膜避蚜。

8.3.3　生物防治

定植前和缓苗后各喷一次 10％NS-83 增抗剂乳剂 50～80 倍液，提高植株抗病性。在发病初期用 2％的宁南霉素可湿性粉剂 200～250 倍液喷雾防治病毒病；在发病初期用 1％的阿司米星水剂 150～200 倍液喷雾防治灰霉病、早疫病；用 72％的农用硫酸链霉素可湿性粉剂 3000～4000 倍液防治细菌性病害。用 Bt（200IU/毫克）乳剂 200 倍液喷雾，或用 0.6％苦参碱水剂 1000 倍液防治棉铃虫、烟青虫；用 10％的浏阳霉素乳油 1000～1500 倍液，或用 1％苦参碱水剂 600 倍液喷雾防治螨类虫害；用 1.8％的阿维菌素乳油 2000 倍液喷雾防治蚜虫、粉虱等虫害。

8.3.4　药剂防治

投入的农药应符合 DB 3703/003～2002《无公害蔬菜生产投入品使用准则》。

（1）猝倒病、立枯病

除用苗床撒药土外，还可用恶霜灵＋代森锰锌、霜霉威等药剂防治。也可通过控制苗床的"低温高湿"和"高温高湿"环境减轻病害发生。

（2）灰霉病

优先采用烟剂、乙霉威粉尘，还可用腐霉利、乙烯菌核利、武夷菌素等药剂防治。

（3）早疫病

优先采用百菌清粉尘剂、百菌清烟剂，还可用代森锰锌、春蕾霉素＋氢氧化铜、甲霜灵锰锌等药剂防治。

（4）晚疫病

优先采用百菌清粉尘剂、百菌清烟剂，还可用乙磷锰锌、恶霜灵＋代森锰锌、霜霉威等药剂防治。

（5）叶霉病

优先采用春蕾霉素＋氢氧化铜粉剂，还可用武夷菌素等药剂防治。

（6）溃疡病

用氢氧化铜、农用链霉素等药剂防治。

（7）病毒病

用 83 增抗剂、病毒 A、植病灵等药剂预防。

（8）蚜虫、白粉虱

用溴氰菊酯、吡虫啉、联苯菊酯、藜芦碱等药剂防治。

（9）斑潜蝇

用阿维菌素、氯氰菊酯、毒死蜱等药剂防治。

8.4　储存保鲜气象服务指标

（1）绿熟番茄适合的储藏温度 11～13 ℃，低于 10 ℃容易受冷害；红熟番茄能够忍受 10 ℃的低温。也就是说，青番茄仔储藏后期果身转红时可以再降低温度来延慢老熟并抑制病害的发生发展，以减轻腐烂的损失。

（2）空气相对湿度 90％左右。

（3）氧气与二氧化碳都保持在 2％～5％，可以明显地延长保鲜寿命。如氧气水平低于 2％，可以适当通气；如二氧化碳水平超过 5％，可以放一些生石灰把二氧化碳消除。

9 黄瓜

9.1 生长发育期气象指标

浸种催芽：浸种 4～6 小时，适宜温度 25～30 ℃，催芽 1.5～2.0 天。

种植期：月平均气温 18～25 ℃最为适宜，最高 27～32 ℃，最低 16～18 ℃。

育苗期：气温白天 20～28 ℃，夜间 13～20 ℃，以利于出苗，出苗 10 天后，日照时数控制在 8～10 小时，气温夜间 13～17 ℃，白天 20～25 ℃，以利黄瓜雌花形成；在移苗前一周，气温白天 20 ℃，夜间 13～17 ℃，以利秧苗锻炼。

生长期：平均气温 20～25 ℃，营养生长旺盛期气温 20～30 ℃，空气相对湿度 80%，气温白天 20～25 ℃，夜间 15～17 ℃。

储藏期：最适温度为 10～14 ℃，空气相对湿度 70%～75%。低于 8 ℃出现生理伤害，空气湿度过低会出现脱水，失去光泽。

9.2 应采取的农业技术措施及农事活动

9.2.1 大田标准化栽培技术

（1）栽培环境选择

选择排灌方便、地下水位较低、土层深厚、肥沃的沙壤土或壤土。常年菜地在施用传统农家肥条件下，实行 3～4 年轮作。

（2）露地栽培技术要点

①土地准备。冬季将土壤深翻 7～9 寸①，定植前亩施腐熟农家肥 4000～5000 千克，并通过深耕与土壤充分混匀。

②带泥起苗。移栽前一天，浇足起苗水，带土移栽。

---

① 1 寸≈3.3 厘米，下同。

③定植时期。大田露地栽培和地膜栽培育苗时间一致，苗龄 40 天左右，3 月中下旬定植。

④定植规格。3.6～4.2 尺①开厢沟起垄，沟深 6 寸，种双行，单株退步 8～9 寸，双株退步 1.2～1.5 尺。

⑤田间管理

追肥。根瓜出现时及时施肥 1～2 次，开始采收后，每周施肥一次，盛果期每收 2～3 次追肥一次，中后期注意根外追肥防早衰。

留蔓。黄瓜除主蔓外，一般保留侧芽，产生回头瓜。

搭架、绑蔓、摘心。黄瓜抽蔓后立即搭架绑蔓，以后每隔 3～5 节捆绑一次，也可采用尼绳吊蔓。在主蔓满架后摘心，侧蔓上见瓜后留一叶摘心，过多的雄花、卷须和植株下部老黄叶要及时打掉。植株下部瓜采收后，要及时降绳，摘除基部的病叶、残叶、老黄叶，增强通风透光性。

9.2.2 大棚黄瓜田间管理

（1）品种选择

选择高产、高效、优质、抗病强的品种。

（2）整地施肥

要选择 3 年内未种过瓜类蔬菜，质地疏松、肥沃、排灌方便的田块。黄瓜根系比较弱，主要分布在表土层中，整地前要多施腐熟的有机肥，冬翻前每亩施优质农家肥 4000 千克，然后进行深翻晒垄，定植前亩施三元素复合肥 100 千克，春翻后进行培垄，做成 1.2 米"马鞍型"高垄，垄高 15～20 厘米，垄沟宽 30 厘米，并在垄面覆盖地膜。

（3）播种

①浸种催芽。将挑好的饱满黄瓜种子放在 55 ℃温水中温烫浸种搅拌至水温 30 ℃左右时，浸泡 6～8 小时，这时种子吸足水分，然后捞出种子沥干水分，用湿布包好置于 28～30 ℃的条件下催芽，催芽过程中要翻动 2～3 次，使受热均匀，增加透氧量，防止发霉，种子露白时将其放于－1～0 ℃低温下 12～24 小时，提高幼苗抗寒力，种子发芽后选择晴天播种。

②播种技术。根据市场需求和生物学特性确定适宜播期。黄瓜播种时要

---

① 1 尺≈33.3 厘米，下同。

求 5 厘米深地温不低于 15 ℃，否则出芽慢而不齐，易发生烂籽现象，播种时浇透底水，每个营养钵放一粒种芽，将种子芽端朝下插入营养土中，覆盖经过消毒的营养土 1.5 厘米厚然后覆盖地膜保温保水。

（4）定植

当日平均温度在 15 ℃以上，苗龄 35 天左右，叶龄 3～4 叶，择冷尾暖头，天晴地爽时为适宜的定植期，一般株行距 30×60 厘米，每亩密度 3500～4000 株，黄瓜根系浅，不宜深栽，定植后浇足定根水。

（5）田间管理

①插架绑蔓。黄瓜定植后，立即搭架，架搭成"人"字形，架要牢固，架高 1.3 米左右，当主蔓长到 20～30 厘米时应及时绑蔓，以后每隔 3～4 叶绑一次；主蔓 1～6 节长出的侧蔓及早去掉，6 节以后侧蔓留 1 叶 1 瓜摘心，主蔓长满架后进行摘心，后期顺其自然生长。

②肥水管理。定植后 3～4 天浇一次较小的缓苗水。缓苗水后再浇水时，每水带肥，每亩冲施尿素 10 千克，隔 5～7 天浇一次水。结果期要每周叶面喷施一次 0.2％～0.3％的磷酸二氢钾。苗期的水分管理要看苗的长势而定，当子叶小而向上竖起，说明缺水，要及时浇水；如子叶平展、嫩绿、肥大，说明水分适当。浇水应在晴天中午时浇。如秧苗有缺肥现象，则在浇水时可加少量尿素（每 100 千克水加尿素 100～200 克）以补充养分。肥水管理宜勤，每 5～7 天一次（或每采收 1 次果实追一次肥）。肥量由小到大，每亩每次用尿素 2～7 千克。同时要注意及时补水，保持土壤充足的水分。

③增加棚温，增加光合作用。注意保持棚膜清洁，减少灰尘污染，以增加透光度。幼苗定植后至缓苗前一般不通风，以提高棚内的地温和气温。随着季节的推移，气温增加，棚内温度也逐渐升高，当气温达 30 ℃以上时，要敞开棚门或四周通风，棚内温度降到 26 ℃左右关闭通风口。当温度进一步提高时，可考虑揭开薄膜。大棚内湿度比露地高，根据黄瓜对空气相对湿度的要求，幼苗定植后至开花前，一般不施肥水，阴天、晴天中午要适当通风排湿。坚持经常刮去棚膜内侧的水珠或在棚内放置一些石灰等吸潮物质，降低棚内湿度。

④后期管理。黄瓜后期注意防止功能叶早衰，及时摘除主蔓下部的老叶、黄叶、病叶、畸形瓜、卷须以改善通风透光条件。一株黄瓜保留 25～30 片叶即可。

9.3　病虫害及防治

9.3.1　霜霉病

可选用安克、普力克、灭克、霜脲锰锌、抑快净、金雷多米尔和阿米西达。在防治霜霉病时，要注意细菌性角斑病的同时发生，可以在防治霜霉病的药剂中，加入防治细菌性角斑病的药剂。

9.3.2　灰霉病

发病初期可选用 10％的速克灵烟剂或 45％百菌清烟剂，每次每亩 250克，熏 3～4 小时。也可用 50％扑海因可湿性粉 1500 倍液，或 2.5％适乐时可湿性粉剂 600 倍液，或 50％利霉康 500 倍液，或 25％阿西米达悬浮剂 1500 倍液。每 6～7 天用药一次，连续防治 3～4 次，要求药要喷到花及幼瓜上。在始花期沾花时加入 0.1％用量的 50％速克灵可湿性粉剂或 25％适乐时可湿性粉剂 200～300 倍液沾花或喷花效果明显。

9.3.3　白粉病

发生中心病株时，要及时喷药防治，可选用 20％三唑酮可湿性粉剂 1000倍液或 75％达克宁可湿性粉剂 500～600 倍液，或 10％世高 2500 倍液，或2％加收米 400 倍液等，每隔 5～7 天喷一次，并农药的交替使用。在喷药时，不要忽略对地面的喷撒。

9.3.4　病毒病

育苗时用遮阳网降温、遮光，远离带病作物。移栽后立即用"天达 2116"1000 倍液＋天达裕丰 1000 倍液喷雾和灌根，促苗防病。发病初期可用 20％毒克星 500 倍液或 20％病毒 A500 液喷雾，每 7 天一次。

9.3.5　细菌角斑病

发病初期喷新植霉素 5000 倍液，或 30％琥胶肥酸铜（DT 杀菌剂）可湿性粉剂 500 倍液，或 77％可杀得可湿性粉剂 400 倍液，或 47％加瑞农可湿性粉剂 600～800 倍液，以上药剂可交替使用，每隔 7～10 天喷一次，连续喷

3～4次。铜制剂使用过多易引起药害，一般不超过3次。喷药须仔细周到地喷到叶片正面和背面，可以提高防治效果。

9.3.6 根结线虫

种植前结合深翻亩施用石灰氮80千克，土壤用1.8%虫螨克乳油每平方米1～1.5毫升兑水6升杀虫，或每亩用米乐尔3%颗粒剂4～6千克，拌干细土50千克撒施；生长期再用1.8%虫螨克乳油1000～1500倍液灌根1～2次，间隔10～15天。收获后田间彻底清除病残株，集中烧毁或深埋，不可用以沤肥。另外亩施用两吨沼渣可有效地防治根结线虫。

9.3.7 白粉虱

尽量避免混栽，特别是黄瓜、西红柿、菜豆不能混栽。调整生产茬口也是有效的方法，即头茬安排芹菜、甜椒等白粉虱为害轻的蔬菜，下茬再种黄瓜、番茄。老龄若虫多分布于下部叶片，摘除老叶并烧毁。可用25%噻嗪酮（扑虱灵）可湿性粉剂或用2.5%溴氰菊酯或20%氰戊菊酯（速灭杀丁）乳油2000倍液喷雾隔6～7天1次，连续防治3次。

9.4 储存保鲜气象指标

（1）储存温度低于10℃将受冷害，高于15℃瓜身容易老化。

（2）空气相对湿度在95%以上。

（3）黄瓜对乙烯十分敏感，所以不能与甜瓜、梨、番茄等容易释放出乙烯的果菜一起储运，且最好在包装中放入乙烯吸收剂。

10 芹菜

10.1 生长发育期气象指标

浸种催芽：浸种 36～48 小时，适宜温度 20～22 ℃，催芽时间 5～7 天。

种植期：月平均气温 15～18 ℃最为适宜，最高 21～24 ℃，最低 7 ℃。

幼苗期：能耐−5 ℃左右的低温。

生长期：适宜温度为 15～20 ℃。成株在−7～−5 ℃叶不会冻坏。不耐高温，气温在 20 ℃以上时生长受到阻碍，超过 26 ℃停止生长。

10.2 露地芹菜栽培技术

芹菜栽培分为春芹菜、夏芹菜、秋芹菜、越冬芹菜，其中以春、秋两季为主，又以秋季生长最好，产量较高，露地栽培从 3—9 月均可播种、定植。目前在生产中普遍栽培的芹菜品种有：西芹（文图拉、多利、四季西芹等）和中芹（青梗芹、绿梗芹、白梗芹等）。芹菜耐阴、耐湿、耐低温而不耐高温。为此，作夏季栽培的芹菜，宜选择耐热、生长快的早熟或中熟品种，如绿梗芹菜、青梗芹菜。

10.2.1 播种育苗

（1）苗床选择。芹菜喜冷凉气候，其苗床应选择土层松厚、肥沃、排灌方便、较阴凉的场地，每亩土施 100 千克石灰深翻入土，烧晒过白。

（2）整地作畦。畦宽 1 米左右，一亩土施人畜粪 2000 千克，晒干后将畦面整碎整平。

（3）浸种催芽。将种子用布袋装好放在冰箱的冷藏柜内进行催芽，即在冷凉水中浸 48 小时后，取出晾干表面水分，再包好送入冷藏柜放置 24 小时便可。

（4）适时播种。夏芹菜，大暑前后（7 月下旬）；秋芹菜，处暑（8 月下旬）—白露（9 月上旬）；冬芹菜，秋分（9 月下旬）—霜降（10 月下旬）；春芹菜，雨水（2 月下旬）—惊蛰（3 月上旬）。

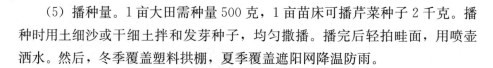

（5）播种量。1亩大田需种量500克，1亩苗床可播芹菜种子2千克。播种时用土细沙或干细土拌和发芽种子，均匀撒播。播完后轻拍畦面，用喷壶洒水。然后，冬季覆盖塑料拱棚，夏季覆盖遮阳网降温防雨。

10.2.2 苗床管理

一般好天气每天傍晚浇水一次，晴热干旱天气每天早晚各浇水一次。待齐苗后，开始追肥，每5～7天追施一次清淡粪水，并注意防治蚜虫。

10.2.3 整土施肥

芹菜栽培应选择富含有机质、保水保肥强的沙壤土，每亩撒施生石灰150千克深翻入土中，整成宽1.67米左右畦土，每亩施菜枯100千克，人畜粪200千克，尿素20千克，磷肥40～50千克，钾肥10～15千克，浅翻入土内，整平整细，闲置4～5天即可定植。

10.2.4 定植

苗龄达到50～60天、苗高12～15厘米时即可起苗定植。起苗前应喷一次杀虫药（如敌杀死等），起苗前3～4小时应浇水使床土充分湿润。定植行距16～26厘米，株距1厘米左右，边定植边浇好压兜水。

10.2.5 田间管理

秧苗定植后，成活之前，每天早晚应浇复兜水，并注意查苗补缺，确保全苗。定植成活后应勤施粪水，保持土壤湿润。在封行前，浅中耕2～3次。在高温干旱季节，生长前期应在大棚上或小拱棚上覆盖遮阳网遮阳。特别干旱时，可于早晚水温较低时引水沟灌，保持芹菜的正常生长。

10.3 病虫害及防治

越冬栽培芹菜的主要害虫是蚜虫，对芹菜产量和品质有较大影响的是病害，主要病害有芹菜叶斑病和芹菜斑枯病。

10.3.1 芹菜叶斑病

防治方法：

（1）选用耐病品种。如津南实芹 1 号。

（2）必要时用 48 ℃温水浸种 30 分钟。

（3）合理密植，科学灌溉，防止田间湿度过高。

（4）发病初期喷洒 50％甲基硫菌灵可湿性粉剂 500 倍液，或 77％可杀得可湿性粉剂 500 倍液喷雾；也可选用 5％百菌清粉尘剂，每亩 1 千克；或施用 45％百菌清烟剂，每亩 200 克，隔 9 天左右 1 次，连续或交替施用 2～3 次。

10.3.2　芹菜斑枯病

防治方法：

（1）进行种子消毒。

（2）加强田间管理，切忌大水漫灌，注意降温排湿。

（3）芹菜封垄前，有 45％百菌清咽剂熏蒸，每亩 200～250 克；或喷洒 5％百菌清粉尘剂，每亩 1 千克。

（4）发病初期，喷 75％百菌清可湿性粉剂 600 倍液，或 64％杀毒矾可湿性粉剂 500 倍液，或 40％多·硫悬浮剂 500 倍液，隔 7～10 天 1 次，连续 2～3 次。

11 茄子

11.1 生长发育期气象指标

浸种催芽：浸种 24～36 小时，适宜温度 30 ℃，催芽时间 6～7 天。

种植期：月平均气温 18～26 ℃最为适宜，最高 27～32 ℃，最低 16～18 ℃。

花期：适宜温度 25 ℃左右。

全生育期：生长期适宜温度为 20～25 ℃，最高 30～40 ℃，最低 10～15 ℃。

11.2 露地茄子栽培技术

露地茄子一般采用改良阳畦电热线育苗，在 1 月中下旬播种育苗，4 月下旬定植，6 月下旬开始收获。

11.2.1 种子处理

可用 1％的高锰酸钾溶液浸泡种子 30 分钟，捞出淘洗干净。再用 50～55 ℃的温水浸种 10～15 分钟，水温降至 30 ℃时，浸泡 8～10 小时，捞出用细沙搓去种表黏液，放在 30 ℃左右条件下催芽。催芽期间每天用净水冲洗一遍，当有 70％以上的种子露白时即可播种。

11.2.2 苗床准备

用未种过茄科蔬菜的肥沃土壤 60％和马粪（羊粪）40％混合均匀作为培养土，每立方米再加入腐熟鸡粪 10～15 千克，草木灰 5～18 千克，二铵 1 千克，25％多菌灵 50 克。做畦宽 1.2 米，厚 10 厘米的苗床浇透水备用。

11.2.3 播种

选晴天的上午进行，将露芽的种子均匀撒在畦面上，上盖 1 厘米厚的营养土，后盖地膜。出苗前白天温度保持在 25～30 ℃，夜间 16～20 ℃，地温 20 ℃左右，70％出苗后撒去地膜。

11.2.4　苗期管理

齐苗后适当降低室温，白天 20～25 ℃，夜间 15 ℃。当幼苗长至二叶一心时进行分苗，并加强保温，白天 28～30 ℃，夜间 16～20 ℃。当幼苗心叶开始生长时，白天温度控制在 20～25 ℃，夜间 13～15 ℃，防止徒长。定植前 10 天左右进行炼苗，白天 20 ℃左右，夜间 12 ℃左右。

11.2.5　定植前准备

定植前结合整地亩施腐熟的有机肥 5000 千克，多元复合肥 50 千克，把其中的 2/3 普施。然后深耕，按大行距 70 厘米，小行距 50 厘米开沟，施入另外的 1/3 肥料与土混合。

11.2.6　定植

在晴天进行定植，沟内浇足水，水渗后栽苗，株距 30～35 厘米，亩栽 2500～3000 株。后覆土，厚度与土坨持平。

11.2.7　田间管理

（1）中耕。定植后 3 天进行一次浅中耕，以提高地温，促缓苗。缓苗后再进行一次中耕，并重视覆土，随中耕做成 12～15 厘米的高垄。

（2）肥水管理。缓苗至开花前一般不浇水，如干旱可浇一次小水。到门茄形成期追肥浇水，每亩施尿素 10～15 千克、硫酸钾 10 千克。门茄生长期，每 5～7 天浇一次水，可隔 3 天追一次肥，每亩施尿素 10～15 千克。

（3）整枝打杈。六茄坐住后，保留二杈状分枝，并将门茄下的腋芽去除。

11.3　秋播茄子种植技术

11.3.1　育苗

（1）育苗场所及播种期的确定。日光温室冬春茬茄子一般在 10 月中旬播种。为了提早上市，茄子需要培育苗龄较长的大苗，通常苗龄为 90～100 天。

（2）浸种催芽。先将种子放入 55 ℃温水中，用水量为种子量的 5～6 倍，不断搅动，并保持 55 ℃水温 10～15 分钟，然后在其自然下降的温水（30 ℃）中浸种 8～12 小时。茄子种皮厚，吸水困难，要先用 0.2%～0.5%的碱液清洗，并用清水反复搓洗，直至种皮洁净无黏液时再浸种。也可先用 1%的高锰酸钾溶液浸泡 30 分钟后再行浸种。浸种过程中，每 5～8 小时换 1 次水，当种子充分吸水后再用清水漂洗干净捞出，用多层湿布或麻袋布包好，甩掉水后放入容器中，置于温暖处催芽。茄子发芽适温为 25～35 ℃，因种子厚度不一，催芽袋中的温度和氧气不均，会造成种子萌芽不齐，因此，最好采用变温催芽，一天中适温 30 ℃占 8 小时，20 ℃占 16 小时，5～6 天后，即有 75%的种子露白，出芽整齐一致。催芽期间要经常翻动种子包，有助于种皮气体交换。

（3）播种。茄子生长要求较高的温度，温室最好采用播种箱播种，这种方法可以随意搬动，便于调节温度和光照。先在播种箱内铺一层厚 3 厘米的营养土；浇足第一次水，待水渗下去后，撒一层细土，撒播或沟播种子，播后覆 1 厘米厚的细土，再覆盖塑料薄膜，种子出土时及时揭掉。

（4）苗期管理。播种后室温要求 25～30 ℃，光照均匀，5～6 天后出苗。80%的幼芽出土后降低室温至白天 20～25 ℃，夜间 20 ℃，超过 28 ℃时适量通风，通风量不可过大过猛。室温降至 20 ℃左右时停止放风。在子叶已展开，第一片真叶吐尖时，可提高室温白天 25～27 ℃，夜间 16～18 ℃，地温 18～20 ℃，促其真叶生长顺利，直到移植。在土壤水分充足的条件下，茄子生长发育良好，水分不足时，花芽分化晚，结果期推迟，前期产量下降。茄子播种和移植前一定要将底水浇足，以后可根据幼苗生长情况，适当补充水分，以满足其生长所需。茄子幼苗对光照条件要求严格，光照充足不仅有利于花芽分化，而且使幼苗生长及发育得以顺利进行。光照不足时，花芽分化晚，幼苗徒长和出现畸形花，直接影响产量的形成。为了改善光照条件，可将育苗箱向南倾斜，争取光照。加大移植用的营养纸袋面积，排放密度合理，也有改善光照条件的作用。

（5）移植。茄子根系再生能力差，新根发生困难，一般只在幼苗 2～3 片真叶，花芽分化尚未开始时一次性移植到营养纸袋中即可。采用营养纸袋育苗是保护茄子根系较好的方法，只是配制营养土时注意多增加一些氮肥。移植前 1～2 天把营养纸袋中的水浇足，以纸袋底部见湿为准。移植时将幼苗从播种箱中已经疏松的土壤中抖出，顺根栽入营养纸袋中，不要弯曲。茄子定植时壮苗的标准是：幼苗株高 18～20 厘米，6～7 片叶，门茄有 70％以上显蕾，茎粗壮，紫色，根系发达。

11.3.2　定植

（1）定植前亩施基肥 5000 千克，深翻耙平后做成宽 60～65 厘米，高 15 厘米的高垄，然后将垄上开两道浅沟，浇足底水。水渗下去后按照株距 30～40 厘米要求栽植，然后从高垄上的两道浅沟中间取土封沟。定植深度以苗坨与地表持平为宜。亩栽苗 2500～3000 株。

（2）定植时间应选择寒流刚过的回暖期，根据北方气候条件的规律，选择这种定植时期可以保证幼苗定植后的 3～5 天维持晴好天气，有助缓苗。定植当天应在 10～14 时高温期进行。

11.3.3　管理

（1）茄子定植后最大的困难是地温不足，因此，在定植后的低温季节要加强防寒保温。定植后 7～10 天，保持室温 30 ℃以上，以此来提高地温，补充夜温，尽快缓苗。并尽量保持地温稳定在 16～18 ℃。缓苗期过后，植株开始正常生长，每天都要注意揭帘见光，如光照不足极易造成落花。缓苗后门茄花开放，进入结果期，此时应注意调节营养生长与生殖生长的平衡关系，将室温降到白天 25～30 ℃，夜间 15～17 ℃，这样既可以使茄子开花结果，又可以枝叶繁茂。室温超过 25 ℃时开始适量放风，排除室内过多的湿气，增加二氧化碳含量，提高光照强度，减少落花。即使是阴天也要坚持适量放风，只是要格外注意放风量和放风时间。

（2）茄子定植浇过缓苗水后至门茄开花期间，不再浇水，直至门茄普遍长到 3 厘米大，再行浇水施肥。第一次肥水量可大一些，亩施硫酸铵 10～20 千克或粪稀 1000 千克。对茄开始膨大时给第二次肥水，以后 10～15 天浇 1 次肥水，结果中后期不能缺水缺肥。

（3）茄子属喜光作物，但日光温室冬春茬栽培自然光照很难满足需要，造成植株徒长，出现短柱头花，造成果实畸形。因此，除每天清扫温室屋面外，还要张挂反光幕，以缩小温室中后部光照差距，增加光照强度。

（4）茄子花开前 2～3 天用 25～30 ppm 4 - D 涂抹果柄，或喷花，每花只处理 1 次，不可重复，也不能把药液洒到叶子上。

（5）及时整枝，改善通风透光条件，门茄膨大后，将门茄以下萌芽的侧枝和下部老叶摘去，第二果实（对茄）下的腑芽也要抹去。

（6）结果盛期适当加大肥水量，一般 7～10 天浇 1 次水，化肥与有机肥交替使用。同时加大通风量，满足光合作用所需，促进果实成熟。

（7）采收。茄子充分膨大，果实呈紫色、有光泽时及早采收，以提高前期产量，增加产值。收获时最好从果柄处剪断，减少碰伤。

11.4　病虫害及防治

11.4.1　绵疫病

在高温多雨天气较多发生，可以用瑞毒霉 1000～1200 倍、杀毒矾 1000 倍等杀菌剂防治。

11.4.2　黄萎病

可通过嫁接或轮作，培育壮苗等综合措施，可用土壤淋灌绿亨一号 2500 倍、甲基托布津 800～1000 倍、敌克松 500～600 倍等防治。

11.4.3　茶黄螨

常在温暖多湿的环境下发生，可用三氯杀螨醇 600 倍、霸螨灵 1500 倍、硫悬浮剂 300～500 倍等防治。

11.4.4　黄斑螟

可用 50％乐果 1000 倍、溴氰菊酯 1500 倍、巴丹 1000～1200 倍等药剂防治。

12 白萝卜

白萝卜，又称莱菔，为十字花科一、二年生草本植物。我国栽培的白萝卜原产我国，称中国白萝卜。欧美栽培的小萝卜，称四季萝卜。白萝卜在我国栽培历史悠久，分布广，面积大。据统计，北方地区白萝卜栽培面积占秋菜面积的 20%～50%。白萝卜营养丰富，产量高，耐储藏，管理简便省工，供应期长，是北方冬季、春季的主要蔬菜之一。

12.1 生长发育期气象指标

种植期：月平均气温 15～18 ℃最为适宜，最高 21～24 ℃，最低 7 ℃。

全生育期：生长期适宜温度为 17～20 ℃，最高 20～30 ℃，最低－1～－2 ℃。

储藏期：窖内需保持空气相对湿度 85%以上，用通风窗调节窖内温度使之不低于 0 ℃，萝卜中心温度不高于 1 ℃，储存过程中要注意防止白萝卜发热。

12.2 优质白萝卜栽培技术

白萝卜通常于夏末初播种，秋末冬初收获，生长期 80～100 天。这类萝卜产量高，品质好，耐储藏，供应期长，是各类萝卜中栽培面积最大的一类。

12.2.1 选择适宜土壤

种植萝卜应选择耗肥少、剩留有机物多、无同种病虫害的作物为前茬。需要避开十字花科的蔬菜作前茬，否则易导致病害发生。萝卜对沙壤的适应性较广，为了获得高产、优质的产品，仍以土层深厚、疏松、排水良好、比较肥沃的沙壤土为好。栽培在适宜的土壤里，肉质根的生长才能充分膨大，形状端正，外皮光洁，色泽美观，才有卖相。

12.2.2　地块要求深耕

平整、施肥均匀，这样才能促进土壤中有效养分和有益微生物的增加，并能疏松透气，有利于吸收根对养分和水分的吸收，从而使叶面积迅速扩大，肉质根加速膨大。每亩可施75千克三元复合肥作基肥。然后进行土壤消毒杀菌和地下害虫的防治。杀菌药剂选用50％多菌灵600倍液或70％甲基托布津800～1000倍液喷雾，杀虫药剂可选用48％乐斯本乳油800～1000倍液喷雾。

12.2.3　播种

白萝卜多采用点播或条播。用种量根据留苗稀密来确定，点播窝距25～30厘米，每窝点籽4～5粒，并使种子在窝内散开，以免出苗后拥挤，影响其秧苗质量。

12.2.4　田间管理

幼苗出土后生长迅速，要及时间苗，以防拥挤、遮阳和引起徒长。要早定苗，分次间苗，适时定苗，保证苗齐和苗壮。一般间苗2～3次，间除是拔除细弱、畸形和病虫为害的苗。

12.2.5　合理浇水

浇水主要根据萝卜生长特点，各个生长时期对水分的要求以及气候条件、土壤状况来决定。播种后，若天气干旱，应立即浇1次水，开始出苗时再浇1次水，保持地面湿润，保证出苗整齐，并能减轻病毒病的发生。若多雨，则要及时排涝，防止死苗。

12.2.6　科学追肥

白萝卜属大中型萝卜品种，生长期较长，在播前施足基肥的基础上，应适当追肥，尤其是对土壤肥力较低、基肥不足的地块，追肥能明显提高产量。施肥应以氮肥兑水或施粪清水。萝卜"破肚"后，进入叶生长盛期即莲座期，为促进叶面积扩大，还宜施一次速效氮肥；进入肉质根膨大盛期，则追施一次复合肥，有助于肉质根膨大。而在收获前20天，每周1次，连喷2次0.2％的磷酸二氢钾进行叶面追肥，对提高产量和肉质根品质有良好效果。

12.2.7　科学中耕除草治虫

萝卜生长期需多次中耕松土，尤其在幼苗期，气温相对高些，雨水多，杂草生长迅速，要勤中耕除草。高垄栽培的，垄上泥土易被雨水冲刷，中耕时需结合进行培土。长形露身品种的萝卜，因为根颈部细长软弱，常易弯曲、倒伏，生长初期需培土护根，防止倒伏致使以后形成弯曲萝卜。到莲座后期，叶子已经封垄，停止中耕，除草就只有用人工进行拔除。

12.2.8　及时收获

白萝卜的收获依品种和上市期而定。收获过早产量低、板结无吃味；收获过晚肉质根受冻或空心，品质变劣。当根部直径膨大至 8～10 厘米、长度在 25～30 厘米时采收较为适宜。

12.3　病虫害及防治

萝卜的虫害主要是蚜虫和软腐病，每亩用 12％农用硫酸链霉素可湿性粉剂 1000 万单位加水 50～75 千克或用 57.6％百菌清干粒剂 1000～1200 倍液喷雾防治软腐病，同时结合灌根。防治蚜虫，可用吡虫啉类兑水喷雾。

13 韭菜

13.1 生长发育期气象指标

发芽期：种子在 2～3 ℃即可发芽，12 ℃以上发芽迅速。

茎叶生长期：对光照要求不十分严格，光照过强纤维增多，品质变坏，过弱叶片细窄，要求较高的土壤湿度，但怕涝。气温在 12～24 ℃为宜，根部可耐−40 ℃低温。

13.2 应采取的农业技术措施及农事活动

13.2.1 整地作畦，适期播种

必须是东西畦，南北行种植。播前亩施优质土杂肥或鸡粪 5000 千克，磷肥 150 千克，深翻 30 厘米，然后整畦宽 2 米，畦与畦之间留 1 米操作道，冬季盖韭。

韭菜可直播或育苗移栽。直播，一般在 4 月中下旬，最迟不超过 5 月中旬。先把畦表土块整细浇水，然后按行距 30 厘米，划一条宽 8 厘米、深 2 厘米的沟，并浇上底水。随后把种子均匀地撒入地沟内，盖 1 厘米厚的细土。亩用韭菜种 3～4 千克，播种后出苗前必须喷一遍韭菜专用除草剂（33%二甲戊灵或扑草净）防除杂草。有条件的在播种后，畦子上覆盖地膜，这样韭菜出苗齐且快。育苗移栽法，可在 3 月份育苗，待苗长至 20 厘米高时，进行移栽，行距是 30 厘米，株距 2 厘米。移栽后立即浇水，以利缓苗。这种方法韭菜长势均匀粗壮。

13.2.2 春夏季节韭菜田间管理

（1）肥水管理。韭菜出苗后生长比较缓慢，此时要及时浇水，浇水时畦内撒少量尿素促苗，一般韭菜长至 3 叶时要浇 2～3 次水。盛夏期间不干旱一般不浇水施肥。立秋后，重施一次肥，亩用二铵 50 千克，豆饼 100 千克。方

法是顺垄开沟施肥，施肥后连续浇两次水，以后不再浇水追肥。

（2）及时中耕除草。防除田间杂草亦可用 33％除草通每亩 100～150 克。

（3）预防倒伏。韭菜长至 50 厘米时最易倒伏，应在畦内搭架，把韭菜一行行架住，不能让韭菜塌畦以致影响韭菜冬季产量的提高。

13.2.3 冬季棚栽管理

（1）物资准备。提前备好罩棚材料，3 米宽韭菜专用膜（紫色膜）每亩 100 千克；3 米长竹片，每亩 300 根；3 米长、1.2 米宽草帘 300 个。还有尿素 50 千克、农药等。

（2）水肥管理。小雪后，韭菜大部分枯黄至死，这时水分已回收到根部。先用镰刀把韭菜全部清理干净，然后顺垄开沟追肥施尿素 50 千克，随后浇一次透水。浇水时每亩施辛硫磷 0.3 千克，防治地下韭蛆等害虫。

（3）搭好拱棚保护设施。浇水 3 天后，先按每米 1 根竹片搭好拱棚，然后罩上膜，盖上草帘，保证白天棚内保持在 20～25 ℃，夜间 8～12 ℃。

（4）防治病害。拱棚罩膜后，约 18 天左右韭菜出齐，待韭菜长至 5～7 厘米时，喷一遍 75％百菌清和速克灵的 500 倍混合液，防治韭菜白点和干尖病。长至 20 厘米高时，再喷一次，以防止病害发生，此时要增大放风量。白天棚内温度不可超过 30 ℃。

覆盖后 40 天左右韭菜便可收割上市，其后每 20 天左右即可上市一茬。

13.3 病虫害及防治

13.3.1 农业防治

（1）选用抗病品种。目前韭菜的抗病品种有独根红、寒青韭霸、寒绿王、中华韭神、四季青翠、多抗雪韭 8 号等。

（2）轮作倒茬。实行与非百合科蔬菜的轮作倒茬，可明显减轻病虫的危害。

（3）加强田间管理。选好种植韭菜的田块，仔细平整苗床或养茬地，雨季到来前，修整好田间排涝系统，露地注意排水，保护地要加强通风透光，刚割过的韭菜或外界温度低通风要小或延迟，严防扫地风，严格控制湿度，及时除草，清除病残体。多施有机肥，避免偏施氮肥，定期喷施植宝素、喷施宝或增产菌，使植株早生快发，可缩短割韭周期，减轻病虫危害。

13.3.2 生物防治

在韭蛆发生期，用植物杀虫剂 1％苦参碱醇 2000 倍液灌根，或 Bt 乳油 250 倍液灌根。

13.3.3 化学防治

（1）韭菜灰霉病、韭菜菌核病。发病初期，阴天可用 10％速可灵烟剂，或 45％百菌清烟剂，每亩用 250 克，分放 6～8 个点点燃，闭棚 3～4 小时。傍晚也可喷撒 50％百菌清粉尘剂，或 10％杀霉灵粉尘剂，或 6.5％多菌霉威粉尘剂，每亩 1 千克。还可以用 50％扑海因可湿性粉剂 1000 倍液，或 50％万霉灵可湿性粉剂 1000 倍液粉剂喷雾进行防治。

（2）韭菜疫病。发病初期可用 72.2％普力克水剂 600～800 倍液，或 72％克露可湿性粉剂 700 倍液，或 60％琥·乙膦铝可湿性粉剂 1000 倍液，或 25％甲霜灵可湿性粉剂 800 倍液烟雾剂、粉尘剂同灰霉病，使用方法同灰霉病。

（3）韭菜白绢病。发病初期可用 15％三唑酮 1000 倍液或用 20％甲基立枯磷 1200 倍液灌根。

（4）韭菜锈病。发病初期及时喷洒 15％三唑酮可湿性粉剂 1500 倍液，或 20％三唑桐乳油 2000 倍液，或 97％敌锈钠可湿性粉剂 1500 倍液。

（5）韭菜细菌性软腐病。发病初期可用 77％可杀得 500 倍液，或高锰酸钾 1000 倍液，或农用链霉素 2500 倍液，或用氯霉素 3000 倍液灌根防治。

（6）韭菜病毒病。发病初期用 1：40 的豆浆水或 0.2％磷酸二氢钾喷洒叶面。上述病害所选药剂应转换交替使用，一般 7 天左右施用 1 次，连用 2～3 次。

（7）韭菜迟眼蕈蚊又叫韭蛆，主要危害韭菜、大葱和大蒜，以韭菜受害最为严重，幼虫群居在寄主地下部的鳞茎和嫩茎部危害。初孵幼虫先取食韭菜叶鞘基部的嫩茎上端，春秋两季主要危害韭菜的嫩茎，使根基腐烂，地上部分叶片枯黄而死；夏季高温时则向下移动，蛀入鳞茎取食，严重时造成鳞茎腐烂，整墩枯死。

防治方法：①进行冬灌或春灌菜地，可消灭部分幼虫，加入适量农药效果更佳。铲出韭根周围的表土，晒根并晒土，降低韭根及周围的湿度，经 5～

6天可干死幼虫。覆土前沟施草木灰或毒蛾，可防治幼虫。②成虫羽化盛期，用30％菊马乳油2000倍，或2.5％溴氰菊酯乳油2000倍液喷雾，以09—10时施药为佳。在幼虫危害盛期，如发现叶尖变黄变软，并逐步逐渐向地面倒伏时，用50％辛硫磷乳油500倍液进行灌根防治。

（8）葱蓟马又叫烟蓟马、瓜蓟马。属缨翅目蓟马科害虫，是一种食性很杂的害虫。成虫和若虫以锉吸式口器危害寄主植物的心叶和嫩芽，吸食叶管的汁液，使韭菜产生细小的灰白色或灰黄色长条斑点。严重时韭叶失水萎蔫、发黄、干枯、扭曲，严重影响产量，降低食用价值。

防治方法：①清除田间杂草和枯枝落叶，集中烧毁或深埋，消灭虫源。韭菜生长期间勤浇水、勤除杂草，可减轻蓟马的危害。②蓟马危害期可喷洒吡虫啉、50％辛硫磷乳油1000倍液、阿维菌素乳油1000倍液。

（9）葱斑潜蝇又叫葱潜叶蝇。属双翅目潜蝇科，幼虫蛀食叶片的叶肉组织，呈曲线状或乱麻状隧道，破坏叶片的绿色组织，影响韭菜的生长。

防治方法：①清除病叶和残株。在韭菜生长期，发现有被幼虫蛀食的叶子，应带出田外深埋；韭菜收获后，清理残株落叶，沤肥或烧毁，可减少虫源，并深翻土壤，冬季冻死越冬蛹。②成虫盛期喷洒阿维菌素乳油1000倍液、20％速灭杀丁1000倍液、7.5％鱼藤氰乳油1000倍液、10％烟碱乳油800倍液均能起到较好的防效。

14　胡萝卜

胡萝卜别称红萝卜、红根、丁香萝卜、金笋等。属伞形科胡萝卜，属野胡萝卜变种，两年生草本植物。胡萝卜喜欢凉爽的环境条件，病虫害少，适应性极广，在全国各地都能栽培。食用部分为肥大的肉质根，胡萝卜营养丰富，深受人们的喜爱。

14.1　生长发育期气象指标

发芽期：适宜温度为 20～25 ℃。

生长期：最适宜温度为 20～22 ℃，整个生长期需要充足的光照，较耐旱。

储藏期：适宜温度 0～1 ℃，空气相对湿度为 90％～95％。

14.2　春胡萝卜种植技术

14.2.1　品种选择

春胡萝卜品种的选择十分严格，一定要选择耐抽薹、耐热性强、对光周期不敏感、品质好、生长期短、丰产的早熟或中早熟品种。不能选用中晚熟品种，更不能选用晚熟品种。

14.2.2　适时播种

春胡萝卜选择适宜播种期十分重要，播种过早易发生先期抽薹，播种过晚，炎夏来临之前不能收获，日数不足。肉质根膨大所要求的白天适宜温度为 13～18 ℃，总积温不够，便会影响膨大，降低品质和产量。生长后期，易遇暴雨高温，排水稍不及时，就会造成沤根腐烂而使栽培失败，春胡萝卜适宜播种期在 3 月 12—17 日。

14.2.3　浸种催芽

为了保证春胡萝卜出苗整齐，需要浸种催芽。胡萝卜种子不易吸水和透气，加上春播地温低，导致种子发芽与出苗慢。为促进早发芽、出齐苗，播种前用 30～35 ℃温水浸种 3～4 小时，捞出后用湿毛巾或袋子装好保湿，于 25～30 ℃温度下催芽 3～4 天，定期搅拌冲洗，等 80% 左右的种子露白后即可拌湿沙播种。也可只浸种不催芽播种，但浸种时间可延长到 12 个小时左右。播后覆盖细土 1.5 厘米，并用铁锹背面轻拍畦面，使种子与土壤结合紧密。苗期除草是胡萝卜丰产的重要环节，可用除草剂除草。播种完当天或第二天，一亩地可用 50% 扑草净 450 克兑水 75 千克喷雾于畦面；还可以选用除草通 200 克加水 50 千克均匀喷洒畦面。除草率可达 80%～90%。喷完除草剂后，在畦面上盖一层地膜，既可增温，又可保持土表湿润，还可防止下雨使土壤板结造成出苗困难。幼苗即将露土之前将地膜撤掉。一定要及时撤膜，否则会烧苗。除覆盖地膜外，还可用草或秸秆代替。80% 幼苗出土后立即揭掉覆盖物。

14.2.4　整地施肥

春胡萝卜喜生长在土层深厚疏松、排灌水方便，富含有机质的沙壤土或壤土。耕地前，施足底肥：一亩地施入腐熟的农家肥 4000 千克左右，还要施入三元素复合肥 50 千克，硫酸钾 20 千克。外加 1.5 千克美曲膦酯，制成毒饵撒施，防治地下害虫。深耕 25～30 厘米，耙碎整平。一般采用平畦整地方式，畦宽 1.1 米（含埂）。提倡半高垄种植，垄高 10～12 厘米，垄宽 1.1 米（含沟）。平畦和半高垄均种植 5 行，行距 20 厘米。

14.2.5　田间管理

春胡萝卜苗期必须及时进行间苗，一般进行 2 次即可。幼苗生长 2 片真叶时进行第一次间苗，去掉疙瘩苗、劣苗及弱苗；幼苗长到 4～5 片真叶时进行第二次间苗，也就是定苗。定苗株距为 8～10 厘米。间苗和定苗最好用掐苗的方法，以防间苗、定苗时松动土壤，造成根系损伤，引起死苗、叉根，影响产量及品质。春胡萝卜地上部分往往生长比较旺盛，易造成地上部和地下部营养分配失调而影响产量。在地上部分旺盛生长时期，忌勤浇水，要适当控制水分，进行 1～2 次浅中耕，并叶面喷施根茎维他灵 1000 倍液，促进肉质根快速膨大，能防止叶部徒长。

肉质根膨大期是胡萝卜生长最快时期，也是对水分和养分需求最多的时期，必须及时充足地供给水分，浇水宜在早晨或傍晚进行。保持土壤湿润，不能忽干忽湿，易造成肉质根裂口或歧根。根据长势可适当追肥 1～2 次，随浇水一起追施硫酸钾 15 千克或草木灰 70 千克即可。

14.2.6 适时采收

春胡萝卜一定要在炎夏来临之前收获，可分期分批于 6 月下旬—7 月初采收上市，最迟到 7 月 8 日（小暑）前采收完毕。如果收获不及时，遇大雨或暴雨，排水不及时，易发生肉质根沤烂，造成严重损失。如暂时销售不完，可放入 18 ℃左右的室内阴凉通风处保存，延长上市时间。如有 2～3 ℃冷库，采收后储存，可供应整个夏季。

14.2.7 病虫害防治

（1）黑斑病。发病初期用 75％百菌清可湿性粉剂 600 倍液或 58％甲霜灵锰锌可湿性粉剂 400～500 倍液或 40％克菌丹可湿性粉剂 300～400 倍液，也可用 64％杀毒矾可湿性粉剂 500 倍液或 50％扑海因可湿性粉剂 1000 倍液喷雾，每隔 7～10 天 1 次，交替用药，连喷 3～4 次。

（2）黑腐病。防治方法同黑斑病。

（3）细菌性软腐病。发病初期喷洒 14％络氨铜水剂 300 倍液或 50％琥胶肥酸铜可湿性粉剂 500 倍液或 72％农用硫酸链霉素可溶性粉剂 4000 倍液。

（4）花叶病

①及时防治蚜虫，用 10％吡虫啉可湿性粉剂 3000 倍液或 50％抗蚜威可湿性粉剂 2000 倍液或 2.5％鱼藤精乳剂 600～800 倍液喷雾。

②发病初期喷洒 1.5％植病灵乳剂 1000 倍液或 20％病毒 A 可湿性粉剂 500 倍液或抗毒剂 1 号 200～300 倍液，每隔 7～10 天 1 次，连喷 2～3 次。

14.3 夏秋高产栽培技术

14.3.1 整地打垄

前作收获后及时深翻土地，深度以 23～30 厘米为宜。结合整地每亩施入腐熟有机肥 3000～5000 千克，磷酸二铵 30 千克，硫酸钾 15 千克。有机肥与土壤颗粒一定要碎。剔除杂物，耙平地面按50厘米放线打垄，垄宽27厘米，高10～15厘米，垄顶呈钝圆形。如采用畦栽培，可做成宽60～80厘米、高10～15厘米的高畦，畦间垄沟宽20厘米，即高畦深沟栽培。

14.3.2　适期播种

播种时在垄顶按10厘米行距双行开沟，沟深1厘米左右，先浇水，然后撒种，覆土，可用麦秸、干草等覆盖。待芽苗露白时揭去覆盖物（最好在傍晚进行），然后用喷雾器喷湿畦面，每日喷一次，连喷3～4天。

14.3.3　科学管理

（1）喷施除草剂。在播后苗前喷施33％施田补乳油100～150毫升/亩，加水40～50千克均匀喷洒地表，除草效果可达90％以上，大大节省劳力，降低管理难度。也可以地播后苗前喷施除草通乳油100毫升兑水50千克。

（2）合理浇水。播种后要连浇2～3次齐苗水，要经常保持垄面湿润，防止忽干忽湿，以保证出苗整齐，一般播后5～7天即可出苗。幼苗期只要不旱，尽量少浇水，促使肉质根向下生长。肉质根膨大期，需水量最大，所以一定要保证足水足肥。在胡萝卜整个生育期，浇水一定要适度，不能大水漫灌，严格控制田间积水，大雨后要及时排水，否则易导致肉质根分叉、侧根发达、皮目或凸或凹、甚至有根瘤突起，严重影响肉质根的商品性状。

（3）间苗定苗。齐苗后要及时间苗。幼苗2片真叶时进行第一次间苗，株距3厘米左右，幼苗4片真叶进行第二次间苗，6片真叶时定苗，株距10厘米左右，亩留苗2.6万～3.0万株。间苗时应拔除弱小苗，叶数过多、叶片过厚而短的苗，以及叶色特深、叶片叶柄密生粗硬茸毛的苗子，因为这几种苗易形成歧根、粗芯（木质部发达）或肉质根细小。

（4）追肥。从定苗到收获共追肥2～3次。若基肥不足，可在定苗后随即进行一次追肥，每亩顺水冲施尿素15千克。肉质根开始膨大时，追施复合肥30千克/亩。肉质根膨大盛期，每亩追施复合肥30千克。

（5）中耕培土。在每次浇水后及时中耕，保持土壤疏松、透气、保墒，以利幼苗生长，肉质根膨大。在肉质根膨大期，应适当培土，可防止胡萝卜青肩发生，提高外观品质。

14.3.4　采收

一般11月上中旬开始收获。此时叶片生长停止，新叶不发，外叶变黄萎

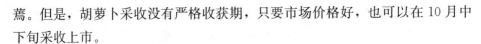

蔫。但是，胡萝卜采收没有严格收获期，只要市场价格好，也可以在 10 月中下旬采收上市。

14.3.5　病虫害防治

（1）黑叶枯病：可喷肥 70％甲基托布津可湿性粉 800 倍液防止蔓延。

（2）腐败病：多发生在高温多雨季节，应及时拔除病株，并用生石灰进行土壤消毒处理。

（3）蚜虫：可用抗蚜威、吡虫啉防治。

（4）根结线虫

①运用综合防治技术。轮作，禾本科作物、葱韭类作物轮作，可使病情明显减轻。

②深耕。利用线虫好气性、活动性不强的特点，深翻土壤 25 厘米以上，深翻后大量虫卵从表层翻到下层，可以消灭部分越冬虫源，土层越深，透气性能越差，越不利于线虫生活。

③收获后彻底清除残株，集中烧毁；土壤消毒，利用夏季气温高，太阳猛烈，在畦面每亩撒施 100 千克石灰，翻地，浇一次透水，覆盖薄膜，利用膜下高温，可有效杀死线虫。药剂防治，3％米乐尔颗粒剂 3 千克/亩，混细土 50 千克，阿维菌素乳油 1000 倍液灌根。

14.4　储存保鲜气象服务指标

选择顶小根直，颜色新鲜的品种作为储藏对象；收获充分成熟的根块，洗去泥沙之后，挑选合格规格的根块，用 25％青鲜素 125 倍液喷一遍，防止后期抽芽；也可加上 2000 倍漂白粉或通用杀菌剂消毒防腐。稍晾干后排放到用塑料编成的网袋。当天收获，当天入库。库温保持在 0～1 ℃，空气相对湿度 95％左右。

15 甜椒

15.1 生长发育期气象指标

浸种催芽：浸种 12～24 小时，适宜温度 25～30 ℃，催芽时间 5～6 天。

种植期：月平均气温 18～26 ℃ 最为适宜，最高 27～32 ℃，最低 16～18 ℃。

开花坐果期：适宜温度 20～25 ℃，空气相对湿度 70%。

全生育期：生长期适宜温度为 20～30 ℃。最高 30～40 ℃，最低 10～15 ℃。

储藏期：适宜温度 7～10 ℃，高于 16 ℃ 易成熟变红，低于 6 ℃ 易受冻害。

15.2 不利的气象条件

(1) 苗期温度高于 30 ℃ 影响花芽分化，低于 18 ℃ 则生长缓慢。

(2) 开花结果期高于 35 ℃ 或低于 15 ℃ 会影响花器发育和开花结果。

15.3 应采取的农业技术措施及农事活动

15.3.1 育苗技术

大棚、日光温室栽培，一般采用穴盘温室播种育苗，也可采用温室内育苗畦播种育苗。

(1) 浸种催芽。将种子放入 55 ℃ 温水中，不断搅拌，在 10 分钟内使水温降至 30 ℃，捞出后用 0.1% 的高锰酸钾溶液泡 10 分钟，然后用清水洗净，浸泡 12 小时，用纱布包好，放在 25～28 ℃ 下催芽，4～5 天后种子露白即可播种。也可用 10% 磷酸三钠溶液浸种 15 分钟，起到钝化病毒作用。

(2) 营养土配置。一般采用 6 份不带菌大田土加 4 份充分腐熟的圈肥配成混合土，然后按每立方米混合土加 1 千克过磷酸钙、80 克多菌灵、60 克敌百虫，充分混匀，盖膜闷制 10～15 天，装入育苗盘或铺于畦内，浇透底水，以备播种。

（3）播种、分苗。将催芽的种子播于穴盘中或畦内，覆土 1 厘米厚，盖上地膜，保温保湿。当种子有 70％出土后，揭除地膜。幼苗长至 2～3 片真叶时，便可分苗。将幼苗分入 8 厘米×l0 厘米装有配置营养土的营养钵中，1 钵 1 株。

（4）温湿度管理。出苗前地温须控制在 20 ℃左右，白天气温控制在 28～30 ℃，夜间 18～20 ℃。当幼苗出齐、子叶平展后，为防止幼苗徒长，适当降低气温，白天控制在 25～27 ℃，夜间 17～18 ℃，保证子叶肥大、绿色、叶柄长短适中、生长健壮。分苗前 3～4 天，加强通风，白天温度控制在 25 ℃左右，夜温 15 ℃左右。可对幼苗进行低温锻炼，以利分苗后的缓苗，分苗后 1 周内，地温控制在 18～20 ℃，白天气温控制在 25～30 ℃，约 1 周后，幼苗新叶生长，适当通风降温，以防幼苗徒长。苗期湿度控制，分苗前宜干不宜湿。分苗后，新叶开始生长，床土水分蒸发快，土壤稍干，适当浇水。

15.3.2 栽培方法

（1）整地、施肥、做畦。每亩基施腐熟有机肥 5000 千克、磷酸二铵 25 千克、三元复合肥 25 千克，耙碎、整平，畦宽 1.2 米，畦高 15 厘米，双行定植，行距 80 厘米。

（2）定植及定植密度。幼苗长至 4～5 片真叶，地温 15 ℃以上，选晴好天气进行定植。定植时及时浇定植水。定植密度根据定植时间和栽培期的长短不同而异。早春大棚每亩定植密度为 2300 株，秋延后越冬温室栽培，亩定植密度为 1900 株。

15.3.3 栽后管理

（1）温湿度管理。彩色甜椒同其他辣椒相比，对极端气温和湿度反应更加敏感，应重点抓好以下两个方面的管理。

定植初期。为加速缓苗，定植后 5～6 天，应保持较高的温湿度。白天 28～30 ℃，夜间不低于 25 ℃，相对湿度为 70％～80％。

缓苗后至开花结果期。彩色甜椒根系发达，生长势强，缓苗后的温、湿度管理非常关键，如果管理不当，温度过高，湿度过大，会引起植株徒长，导致落花落果，形成"空秧"，全株不结一个果。白天气温 20～25 ℃，夜晚

18～21 ℃，土壤温度 20 ℃左右，相对湿度 50％～60％为宜。

（2）水肥管理。土壤湿度宜控制在 80％左右，最好使用滴灌系统，没有滴灌条件的，生长前期可用塑料水管定期定量逐棵灌浇。

门椒开花 1 周后，每亩追施磷酸铵 30 千克，硫酸二铵 20 千克，硫酸钾 10 千克。自第一次采收后，一般每采收一次，追施三元复合肥一次，每亩追施 30 千克。

（3）调整植株和果实质量管理。甜椒生长健壮，单果较大，为确保果实质量和产量，需对植株进行调整。

一般采取双杆整枝，支架栽培。每株保留 2 个生长健壮的侧枝，及早摘除其他侧枝，并根据植株情况摘去一些叶片，以利通风透光，每个侧枝最好保持垂直向上生长。支架最好采用吊蔓绳进行缠绕吊枝，整枝和缠绕工作一般每周进行一次。无吊蔓设施，可采用 1.5 米左右竹竿做支架，门椒开花后及时摘除，以利两侧枝健壮生长，提高整个生育期内侧枝产量。

甜椒果实质量管理尤为重要，一般每侧枝第一次坐果数目不超过 3 个，畸形果应及早摘除，以免浪费养分，影响其他果实生长发育。果实采收一般间隔 4～5 天，采收时间以早上为宜。采收后的果实要注意避免被阳光照射，最好储存在 15～16 ℃的环境条件下。

15.4　病虫害及防治

15.4.1　辣椒疫病

发病叶部斑呈水渍状，暗绿色斑点或不规则大斑，易落叶。防治：①用 58％甲霜灵锰锌可湿性粉剂 500 倍液喷雾。②64％杀毒砜 500 倍液＋20％龙克菌 500 倍液喷雾。

15.4.2　病毒病

病株呈现花叶、卷叶、果小畸形、植株矮化、丛枝。防治：①2％好普水剂 500 倍液＋0.014％云大 120 水剂 1000 倍液喷雾。②用 3.85％病毒必克水剂 500 倍液喷雾。

15.4.3　枯萎病

病株基部皮层呈水渍状腐烂，维管束变色，全株枯萎，叶片发黄。防治：

①40％五氯硝基苯 600 倍液＋88％水合霉素 1000 倍液＋15％施尔得 500 倍液灌根。② 40％瓜枯宁可湿性粉剂 500 倍液＋2％加收米水剂 500 倍液灌根。

15.4.4　根结线虫

防治：①用 0.9％海正灭灵乳油 1500 倍液＋40％辛硫磷乳油 100 倍液灌根。②10％扑生畏乳油 2000 倍液灌根。

15.4.5　蚜虫

防治：①用 10％吡虫啉可湿性粉剂 3000 倍液喷雾。②3％莫比朗乳油 2000 倍液喷雾。

15.5　储存保鲜气象服务指标

（1）收后不要过水，因此，防腐处理都用熏蒸方法，而不用浸泡。

（2）温度低于 9 ℃就可能引起冷害，受害部位容易被病菌感染而引起腐烂。

（3）二氧化碳浓度超过 2％就会中毒，使腐烂率大大增加。

（4）用小包装或小货堆加薄膜帐法用于常温储存，在 15～25 ℃的室温下，可以储藏 20～30 天；或用低温储存，将温度控制在 9～11 ℃，空气相对湿度 90％左右。

16 辣椒

16.1 生长发育期气象指标

（1）温度：整个生长期间，温度范围 12～35 ℃，适宜温差为 10 ℃，即白天 26～27 ℃，夜间 15～16 ℃。

（2）光照：辣椒喜光，对光照时间具有较强的适应性。

（3）水分：辣椒既不耐旱，又不耐涝。

16.2 不利的农业气象条件及可能出现的灾害

（1）温度：低于 15 ℃，植株生长缓慢，难以授粉，易引起落花落果，高于 35 ℃花发育不良或柱头干燥不能受精而落花，即使受精，果实也不能正常发育而干枯。

（2）光照：辣椒怕曝晒，光照过强，容易引起日烧病；光照偏弱，行间过于郁闭，易引起落花落果。

（3）水分：幼苗期土壤湿度过大，根系就会发育不良，植株徒长纤弱。初花期，湿度过太会造成落花；果实膨大期，水分供应不足影响果实膨大，如果空气过于干燥还会造成落花落果。

16.3 大田辣椒的栽培技术

辣椒喜温好光，对外界条件反应敏感，忌旱怕涝，要选保水、保肥、排灌条件较好的地块种植。因此地块应选择水源近、土壤肥沃、排灌良好、疏松透气、前茬 3～5 年没有种过茄果类蔬菜如茄子、西红柿、马铃薯等作物的地块。最好是坡岗地并秋翻、秋起垄、秋施肥地块。

16.3.1 整地施肥

种植辣椒的土壤要求耕性良好、排灌方便，地势平坦，不能在盐碱和低洼地上栽培。露地栽培要施足基肥,于定植前 10 天亩施优质农家肥 5000～7500 千克、过磷酸钙 75～100 千克、碳酸氢铵 50 千克作底肥。2/3 用于地面铺施,耕翻 20～25 厘米;1/3 底肥开沟集中施用。按 80 厘米垄距起垄,垄高 15 厘米,垄面宽 50 厘米。

16.3.2 定植

移栽辣椒苗应选阴天或晴天 15 时后进行,起苗前 1 天浇透水,起苗时尽量多带宿根土,运送过程中要注意别伤了苗叶根,尽量不栽萎蔫苗。辣椒定植不宜过深,以与子叶节平齐为标准。一般亩栽 3000 株,栽后即可覆土浇水。

16.3.3 田间管理

辣椒定植后,主要任务是松土保墒,促进发根,促进开花结果。定植 5～7 天后可浇一次淡肥水,地皮发白后进行深锄 7 厘米,以提高地温。应进行蹲苗,以促进根系生长,防止地上部徒长。

20 天后由于气温上升,植株生长迅速,分生出许多短枝,此时要补充水肥。可亩追施尿素 15 千克、磷酸二铵 20 千克、饼肥 50 千克,随后浇水,水量要大。雨天要及时排除积水,并保持土壤干湿度均匀。开花期要适当控制肥水,只要保持土壤湿润即可,以防植株徒长及落花落果。

进入盛果期后管理的重点是壮秧促果。要及时摘除门椒,防止果实坠落引起长势衰弱。结合浇水进行施肥,每亩追施磷肥 20 千克,尿素 5 千克。

16.3.4 适时采收

辣椒可连续结果多次采收,一般在花凋谢 20～25 天后可采收青果。

16.4 病虫害及防治

16.4.1 病害防治

在辣椒大田生产中常见病害有疫病、根腐病、青枯病、炭疽病、病毒病等。

(1) 农业防治

提倡起垄栽培,选择排灌方便的地块种植,培育壮苗,合理密植,暴雨后要及时排水。

（2）药剂防治

①种子消毒。用 1％硫酸铜液浸种 5 分钟。

②叶面喷雾和灌根。定植后用 50％甲霜铜可湿性粉剂 500 倍液或 70％乙膦铝（DTM）可湿性粉剂 500 倍液等药喷洒植株和地面。此外，高温季节灌水前亩撒 96％硫酸铜 3 千克，后灌水，可有效防治辣椒疫病。用 50％多菌灵可湿性粉剂 600 倍液，或 40％多硫悬浮剂 600 倍液，发病初期每隔 10 天左右灌根 1 次，连续灌 2～3 次，可防治辣椒根腐病。用 72％农用链霉素可湿性粉剂 3000 倍液或 77％可杀得可湿性粉剂 500 倍液，隔 7 天喷 1 次，连续 3～4次，可防治辣椒青枯病。用 20％病毒 A 可湿性粉剂 500 倍液或 1.5％植病灵乳油剂 1000 倍液，隔 10 天喷雾防治 1 次，连喷 3～4 次，可防治病毒病。

16.4.2 虫害防治

辣椒虫害主要有蚜虫、茶黄螨等。

（1）蚜虫的防治。可选用 10％吡虫灵，50％辟蚜雾乳油 4000 倍液喷雾防治。

（2）茶黄螨的防治。可用 45％硫胶悬剂 300 倍液或 73％克螨特乳油 1000 倍液，20％哒嗪磷乳油 1000 倍液，阿维菌素乳油 1000 倍液等，每 10～14 天喷 1 次叶背、嫩茎、花蕾和幼果。

16.5 储存保鲜气象服务指标

16.5.1 品质分辨方法

外观鲜艳、肉质饱满、切口不变色的是佳品，萼片皱纹枯萎、蒂萼部发生霉变、灰色软化的是劣品，不能储藏及运输。辣椒本是绿色外皮，但若变为红紫色，且鲜度良好也是正品。

16.5.2 储运要求

选择干净、新鲜、完好无损，无斑点、无异常气味，无病虫害，无腐烂、无霉变，无冻伤的成熟辣椒连梗采摘。

收获后如果在 15～18 ℃长期储藏，由于温度过高，叶绿素减少，绿色渐褪，果皮变成红色，辣椒很快发生过熟老化现象。在 0～6 ℃低温中储藏，短期内辣椒种子变褐，萼片枯萎变色，果皮表层凹陷，呈水浸状软化，并发展到典型的锈斑症状。

辣椒本是高温性蔬菜，宜在较高温度下储藏运输，但这个温度恰与霉菌繁殖温度相同。所以，如无有效的病虫害防治对策，则储藏不易成功。

一般储运条件：温度 8～10 ℃，空气相对湿度 90%～95%。推荐储运温度：8～12 ℃。冻结点：－0.7 ℃。含水量：92.5%。比重：堆码箱 180～220 千克/米^3，容积近似值 280 千克/米^3。

第四篇　林果类作物

17   苹果

临汾市属于国家农业部规划的西北黄土高原苹果优势产业带，全市 17 个县（市、区）均有苹果栽培，主要栽培区域为吉县、隰县、乡宁县、翼城县、曲沃县、尧都区、襄汾县。近年来苹果产业得到迅猛发展。目前，全市苹果树栽培面积已达 130 万亩，占到果树总面积的 77％，苹果产业已成为当地农民增收的主要来源之一和推进农村经济发展的重要支柱产业，其中吉县更是因"苹果之乡"而享誉全国。

吉县地处北纬 35°53′10″～36°21′02″，东经 110°27′30″～111°07′20″，海拔高度 780～1200 米，年均无霜期 172 天，年均日较差 11.5 ℃，年均日照时 2653 小时，年均降雨量 579 毫米，海拔高，温差大，光照足，无污染，无霜期长，加之土层深厚，节令分明，非常适宜苹果生长和果品糖分、营养物质积累，具有得天独厚的苹果生产优势，是全国苹果最佳优生区，被国家农业部确定为全国无公害苹果生产示范县、名优特苹果生产基地和山西省优势农产品苹果生产基地。

吉县所产苹果果型端正、色泽红润、皮薄质脆、香甜爽口、绿色安全，富含 Vc、Vb 及钙、钾、铁等营养成分，具有补心益气、生津止渴、健脾和胃、利咽润肺等保健功效。经农业部质量安全中心果品品质检测，吉县苹果 Vc 含量为 5.3 毫克/100 克，高出普通苹果 1.3 毫克；总糖检测值为 14.9％，高出 GB/T 10651—1989 鲜苹果标准中其他品种含糖量的 1.9％～3.9％；碳水化合物检测总量为 16.6 克/100 克，高出普通苹果均值 3.1 克；含有 18 种氨基酸，其中富含人体 8 种必需氨基酸中的 7 种，且均达到或超过国家质量标准。吉县苹果曾荣获首届全国农博会苹果类唯一金奖、第三届中国农博会"名牌产品"称号、北京果品鉴评会头名金奖和国家农业部绿色食品认证、无公害农产品产地认证、中国食品市场名优品牌认证、国家级农业标准化示范基地产品等国家级 12 项认证、22 项奖项，被指定为中南海、人民大会堂招待特供果品。2009 年 9 月吉县被中国果蔬产业品牌论坛组委会命名为"中国苹果之乡"，荣获"中华名果"称号。2011 年 12 月，吉县被国家农业部考察命名为"全国农业（苹果）标准化示范县"。

目前，吉县苹果种植面积已发展到了 28 万亩，占总耕地面积的 84.8%，年产量达 17 万吨，产值 5 亿元，果农人均果品收入 6000 元，占农民人均收入的 82.3% 以上。近年来，吉县的苹果已走出黄土地，走向大江南北，飞向东南亚及俄罗斯等国家，成为当地农民增收、农业增效、农村发展的第一大特色主导产业。

临汾市苹果各生育期划分见图 17-1。

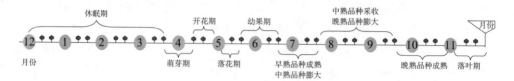

图 17-1 临汾市苹果各生育期划分

17.1 休眠期

17.1.1 适宜的气象条件

（1）日平均气温高于 -10 ℃。

（2）7.2 ℃ 以下的低温达 1440～1662 小时才能结束自然休眠。

（3）休眠期地温适宜，根系可以一直生长，根系生长适宜温度为 14～21 ℃，低于 0 ℃ 时停止生长。3 月上中旬，土壤温度上升到 1～2 ℃ 时，苹果根系开始生长。

17.1.2 不利的气象条件及气象灾害

（1）日平均气温低于 -10 ℃。

（2）7.2 ℃ 以下的低温小于 1400 小时，花芽发育不良。

（3）地温低于 0 ℃ 时停止生长，地温低于 -5 ℃ 发生冻害。

苹果需要一定的低温条件通过正常的休眠期，而这个时期苹果地上部要经受严峻的寒冷、寒风和暴风雪的袭击，树体如果不具备一定程度的抗寒性，冬季温度过低或气温骤变，则可能发生冻害。

17.1.3 农事管理建议

（1）清理果园里的枯枝、落叶、杂草、病果、虫果、虫苞，集中深埋或烧掉。

（2）刮除老翘皮、消灭各种越冬害虫。

（3）剪、锯口消毒保护涂抹愈合剂、腐迪等。

17.1.4　病虫害及防治

主要防治越冬害虫和细菌。

17.2　萌芽期

萌芽是苹果树周年生长发育过程中由休眠转向生长的标志，临汾市苹果萌芽期一般在3月下旬—4月上旬。萌芽期苹果生长发育以消耗储藏营养为主，根系活动早于地上枝芽，随根系生长和气温升高，树液上运，芽体逐渐膨大绽裂。

17.2.1　适宜的气象条件

（1）日平均气温陆续上升到3 ℃以上，苹果地上部分开始活动，气温在5 ℃以上开始萌芽。

（2）8 ℃左右开始生长。

（3）15 ℃以上进入活跃期。

（4）萌芽适宜温度为10～15 ℃。3月中下旬开始萌芽，4月中旬进入开花期。

17.2.2　不利的气象条件及气象灾害

春季温暖干旱利于苹果白粉病的发生。

17.2.3　农事管理建议

涂干防冻。萌芽期急需补充营养，以提高抗冻害能力，应用营养液涂干。营养液配方：5千克氨基酸＋0.8千克天达2116＋渗透剂1000倍＋水5千克。注意：涂30厘米以上，并避开伤口或用此营养液兑水8～10倍喷布主干和主枝。

多道环割。4月5日左右，对1～2年生枝条的光秃部位间隔10厘米左右进行多道环割，待萌出的小枝长到3厘米时，开张角度，6月上旬再在该枝基部割1～3刀，促进成花。

刻芽。①时间：3 月 15 日—4 月 15 日期间，刻得越早效果越好。②工具：小钢锯条。③对象：长度在 50 厘米以上的粗壮枝条。④部位：芽尖上方 1～3 毫米处。⑤方法：中央干层间光秃无枝处；主侧枝基部 20 厘米内不刻，背上芽不刻，背下及两侧隔三刻一；辅养枝基部 10 厘米内不刻，背上芽不刻，梢部芽不刻，背下及两侧隔一刻一。⑥技术绝招：做到"6 个一点"，需出长枝部位刻深一点、早一点、近一点，需出短枝部位刻浅一点，迟一点，远一点。

定植。标准建园提倡 3 米×5 米、4 米×5 米株行距。①大坑大水，施农家肥一担。②根系修剪：剪去伤根、烂根。③根系消毒：用波美度为 5 的石硫合剂消毒 10～20 分钟。④苗木浸水 10 个小时。⑤蘸泥浆：过磷酸钙 1.5 千克＋黄土 10 千克加水拌匀成糊状蘸根。⑥套防护袋，保温保湿，防金龟子。⑦盖地膜保墒。

桥接。接前先将病疤或伤口消毒，根据伤疤纵长在树上采取适当长的1～2 年生枝条，将桥接部位伤疤下皮层切成"U"字形，伤疤上皮层切成倒"U"形，再将接条两端各削一长 3～5 厘米的长削面，长削面背面再削一小削面，然后将接条两端长削面向里插入伤疤上下切口，最后用小铁钉钉紧接条两端，用泥浆封口再用塑料膜将切口全部包严。根部有萌蘖的可选壮条一头接。

高接换头。采取劈接、切腹接、皮下接等方法，用黄泥封伤口，薄膜包扎，确保成活。

施肥。春季施肥以氮肥为主，磷肥、钾肥配合，要求含氮 20％以上，含磷8％～10％，含钾 5％，如多肽复合肥 1 袋＋复合肥搭档 1 袋＋1 小袋喜盛或每株沼液 50 千克＋多肽胞尿 150～250 克。

17.2.4　病虫害及防治

腐烂病。要求刮除变色部分后，再刮去 5 毫米的好皮，并刮成梭形立茬，涂抹愈合剂、腐迪等。

苹果白粉病。①发病严重果园选用抗病品种。②消灭菌源。结合冬剪尽量剪除病梢、病芽；早春复剪，剪掉新发病的枝梢、病芽，集中烧毁或深埋，以压低菌源，防止分季孢子传播。③加强栽培管理。采用配方施肥技术，增施有机肥，避免偏施氮肥，增施磷、钾肥；合理密植，控制灌水。

17.3 开花期

17.3.1 适宜的气象条件

（1）日平均气温＞10 ℃的积温为 240～260 ℃·天。

（2）花芽分化的最适宜温度为 17～22 ℃。

（3）开花期适宜气温为 15～25 ℃。

17.3.2 不利的气象条件及气象灾害

（1）气温为－2.8 ℃时花蕾受冻害。

（2）气温为－1.7 ℃低温花受冻害。

（3）气温为－5 ℃左右时花粉受冻，气温超过 25 ℃时抑制花芽生理分化。

（4）气象灾害：大风、沙尘暴。

17.3.3 农事管理建议

（1）喷肥。0.3％硼酸液＋0.3％尿素＋氨基酸喷施，提高坐果率。嫩叶期：1 份沼液＋2 份清水。夏季高温：1 份沼液加＋1 份清水。

（2）疏花。采取三步走，先按距离法疏花序（对红富士等大型果每 25～30 厘米留一花序），再疏边花，最后定果。

（3）喷果形素。盛花期喷 300～400 倍高桩素，可拉长果形，提高商品率。

17.3.4 病虫害及防治

常见病虫害：棉蚜、蚧壳虫、白粉病、金龟子。

防治措施：

（1）花序分离期：防棉蚜、蚧壳虫用 300 倍乐斯本涂刷虫害集聚部位。

（2）地面散施 10％辛拌磷粉粒剂 4～5 千克/亩。

（3）糖醋罐诱杀：红糖 1 份＋醋 2 份＋水 8 份。

（4）剪除白粉病、小叶病梢，喷 8000 倍 40％信生。

17.4 落花期

17.4.1 农事管理建议

（1）疏果。坐果率高的品种早疏，早熟品种早疏，大年树早疏，弱树早疏；小年树、幼年树晚疏。树冠外部、顶部少留，中下部、内膛多留。严格按枝果比 4～5：1，疏除过多幼果，消除大小年，减小产量变幅。

（2）浇水。此期是需水临界期，对水反应敏感，应尽量想法浇一水，以利于细胞分裂和春梢早期生长。

（3）抑顶促萌。花期花后对 25 厘米长的枝进行抑顶促萌。

17.4.2　病虫害及防治

常见病虫害：锈病、轮纹病、炭疽病、腐烂病、白粉病、霉心病、金龟子、红蜘蛛、潜叶蛾、卷叶虫、金纹细蛾。

防治措施：

（1）25％灭幼脲 3 号 1500 倍＋生物农药 3％多抗霉素 800～1000 倍＋生物农药 1.8％阿微菌素 6000 倍＋乐吧钙 2000 倍＋天达（2116）1500 倍。

（2）1.5％长丰 2000 倍＋80％金大生 M－45 600 倍＋20％螨死净 1500 倍＋乐吧钙 2000 倍＋天达（2116）1500 倍。

17.5　幼果期

17.5.1　适宜的气象条件

（1）幼果期日平均气温 19～21 ℃。

（2）平均最低气温 14～17 ℃。

（3）月平均日照时数＞ 150 小时。

（4）50 毫米≤生育期中月降水量≤150 毫米。

17.5.2　不利的气象条件及气象灾害

（1）苹果幼果期遇－1 ℃低温，幼果即有冻害。

（2）持续高温干旱、气温≥35 ℃果实停止生长。

（3）冰雹、大风。

17.5.3　农事管理建议

（1）夏季修剪、拉枝、开角、环割、环剥。做好拉枝、开角、环割、环剥、扭梢、摘心等，从 5 月 20 日—6 月 20 日，在幼旺树或强旺辅养枝基部

10 厘米内，临时小主枝基部，环状剥去 1～2 个火柴棒宽的皮层，对新红星、金冠、三倍体等对环剥敏感的品种搞多道环割。

（2）苹果套袋。红富士套袋从谢花 35～40 天开始，做到全园套袋。先套树冠下部、内膛，后套树冠上部外围，套袋扎口时，既要紧又不能伤果。做到上口紧，中间空，下角通。

（3）夏季追肥。以磷、钾肥为主，氮肥配合，要求氮含量 15％，磷含量 5％～8％，钾含量 20％以上，树冠垂直投影下，挖穴点施；每株沼液 25～50 千克＋0.5～1 千克地麦钾。

17.5.4　病虫害及防治

常见病虫害：红蜘蛛、蚜虫、潜蛾、早期落叶病。

防治措施：

套袋前：喷 1～2 次杀虫杀螨剂＋杀菌剂＋有机钙肥。

（1）48％乐斯本 1500 倍液＋植物原农药 1.5％苦参碱 2000 倍液＋生物农药 6％农抗（120）1500 倍液，生物农药 1.8％阿微菌素 6000 倍液＋乐吧钙 2000 倍液＋天达（2116）1500 倍液。

（2）48％毒死碑 1500 倍液＋10％吡虫啉 2000 倍液＋40％信生 8000 倍液＋10％哒四螨 1500 倍液。

17.6　早熟品种成熟期、中熟品种膨大期

17.6.1　适宜的气象条件

（1）中熟品种膨大期适宜气温 22～28 ℃。
（2）中熟品种膨大期空气相对湿度 60％～70％。

17.6.2　不利的气象条件及气象灾害

（1）成熟的果实遇低于－6 ℃的低温，会引起冻伤或腐烂。
（2）秋雨多易造成裂果。

17.6.3　农事管理建议

（1）叶面喷肥。叶面喷肥应在 10 时以前，16 时以后进行。沼液喷肥可与

化肥农药等混合施。嫩叶期 1 份沼液＋2 份清水，夏季高温 1 份沼液＋1 份清水，气温较低、老叶时不加水。

（2）早熟品种及时采收。

（3）土壤管理。坚决废除清耕制，推行生草制。自然生草弃除恶性杂草、深根性草，保留茎叶软的、根系浅的草，当草长到 30 厘米时，割倒覆于树盘下。人工种草推行种油菜，每年两茬，春、秋各一次，等油菜长到一尺高，抽薹开花前一次割倒覆于树下。

17.6.4　病虫害及防治

常见病虫害：桃小食心虫、红蜘蛛、顶梢卷叶虫、苹小食心虫、灰象甲、舟形毛虫、早期落叶病、腐烂病。

防治措施。7 月上旬正是桃小产卵盛期，宜挂性诱剂，当诱到成蛾数量突然增加时，即进行树上喷药。可采用 25％灭幼脲悬浮剂 1500 倍液＋1.8％阿微菌素 6000 倍液＋生物农药 10％农抗（120）1500 倍液，或 2.5％功夫水乳剂 2000 倍液＋15％哒螨灵 2000 倍液＋25％戊唑醇 4000 倍液。

17.7　中熟品种采收期、晚熟品种膨大期

17.7.1　适宜的气象条件

（1）晚熟品种膨大期适宜日平均气温 22～28 ℃。

（2）晚熟品种膨大期空气相对湿度 60％～70％。

17.7.2　不利的气象条件及气象灾害

（1）成熟的果实遇低于－6 ℃的低温，会引起冻伤或腐烂。

（2）秋雨多易造成裂果。

17.7.3　农事管理建议

（1）秋季拉枝。小冠开心型，拉枝角度，基部大枝（小主枝）基角 60°左右，腰角 70°～75°，梢角 60°左右。自由纺锤型：各小主枝下部 80°～90°，中部 90°～100°，上部 110°～120°。

（2）喷肥、喷激素：采前喷 0.3％过磷酸钙＋0.2％的磷酸二氢钾。

（3）摘心：对旺长秋梢连续摘心，促使枝条生长充实，预防冻害与抽条。

17.7.4　病虫害及防治

常见病虫害：二代桃小食心虫、舟形毛虫、卷叶虫、炭疽病、轮纹病、苦痘病、褐腐病。

防治措施：7 月下旬喷波尔多液 1：2.5～3：200。

17.8　晚熟品种成熟期

17.8.1　适宜的气象条件

（1）无阴雨寡照天气。

（2）无高温高湿天气。

（3）气温日较差≥10 ℃。

（4）土壤含水量相当田间最大持水量的 60%～80%。

（5）果实着色期日照百分率在 50%以上。

17.8.2　不利的气象条件及气象灾害

（1）持续阴雨寡照。

（2）高温高湿。

（3）饱和湿度下，温度在 15 ℃以上时，苹果腐烂病发生。

（4）成熟的果实遇小于−6 ℃的低温，会引起冻伤或腐烂。

（5）秋雨多易造成裂果。

17.8.3　农事管理建议

（1）去袋。红富士在采收前 10 天进行去袋，对内膛和下部一次性去除，外围和上部先去外袋，过 3～5 个晴天后再去内袋，去袋应在 10—16 时进行。

（2）摘叶转果。去袋后摘除遮果叶片，待果实阳面充分着色后，把果实背阴转向阳面。

（3）铺盖反光膜。在苹果着色期进行，在下袋、摘叶后，将反光膜沿树冠的两边行向展开铺好，并用瓦片、石块压实，每两幅中间隔 1.5 米，各压一块瓦防止刮风卷起。

（4）采收。成熟果分批采收，采摘时要求剪摘果戴手套轻拿轻放，红富土品种要求剪掉果柄，以防扎伤。

（5）喷微肥。苹果采收后，叶面喷 0.5％尿素或沼液原液，增加树体储藏营养。

（6）秋施基肥。改土施肥，每年秋季深翻，深 30～50 厘米，宽 30～50 厘米，基肥施肥量按 2 千克土粪或 1 千克羊粪或 0.5 千克鸡粪产 1 千克优质苹果的比例施入，使果园土壤（0～60 厘米）有机质含量达 1％～1.5％以上。

（7）沼渣作基肥。围绕主干开挖 3～4 条放射状沟，长 30～50 厘米，宽 30 厘米，深 20～40 厘米，由内向外渐深，每株沼渣 25～50 千克。

（8）穴储肥水。树冠垂直投影外缘的不同方位挖 3～5 个深、宽各 30～50 厘米穴，穴内竖放作物秸秆、杂草，垫实，灌于水或沼液，然后腹膜，在膜上草把中心捅一小孔，小孔用石块盖上，以利蓄积降水或浇水。以后每年春秋季各灌一次沼液和沼渣，6 月份结合施钾肥再灌一次沼液。挖穴一次可用 2 年，再轮作其他位置。

17.8.4　病虫害及防治

常见病虫害：越冬虫卵。

防治措施：树体喷布大生 M－45 的 600 倍液＋乐斯本 1500 倍液＋乐吧钙 2000 倍液。在主干上绑草诱杀红蜘蛛、卷叶虫等越冬害虫。剪除病果、僵果集中深埋或烧毁。

17.9　落叶期

17.9.1　适宜的气象条件

当日平均气温低于 15 ℃时，苹果树即开始落叶。一般苹果树在 11 月上、中旬落叶。落叶标志着休眠的开始。苹果的正常休眠必须在一定的低温下进行。

17.9.2　不利的气象条件及气象灾害

据研究，7.2 ℃以下的低温达 1440～1662 小时（两个月）才能结束自然休眠。如果冬季低温不足，会使花芽发育不良，影响产量和品质。自然休眠期长的品种，发芽期晚，冻害较轻。

17.9.3　农事管理建议

越冬保护冬灌：有条件的果园及时冬灌，在主干基部培土、缚草。

17.9.4　病虫害及防治

常见病虫害：腐烂病。
防治措施：清扫枯枝、落叶。

18 梨

梨因其果肉鲜美多汁，酸甜可口，富含蛋白质、脂肪、糖和多种维生素等特点深受人们的喜爱，且具有清热、降血压、利尿通便等诸多功效，在中国自古以来就是果树主要栽培物种之一。中国许多梨产区梨的收入已成为农民致富的主要门路，成为当地国民经济收入的支柱产业。因此，梨树的生产发展对提高农民生活水平，促进中国现代高效农业发展具有重要意义。

临汾市隰县是农业部划定的黄土高原梨果优质产业区，是山西省确定的"一县一业"玉露香梨示范基地县。自 2012 年起开展了一系列"梨果提质年"活动，编制了《隰县梨果产业"十二五"发展规划》，明确了梨果产业的指导思想和发展思路，确立了推进梨果产业发展的"十大工程"，包括玉露香梨基地建设工程，高接换优工程，有机肥增施工程，标准化示范园建设工程，果、水、牧、路配套工程，果品销售体系工程等。通过以上工程的实施，力争"十二五"末，全县果树总面积达到 35 万亩，果品总产量达到 3.5 亿千克，产值 8 亿元，农民人年均果品收入达到 10 000 元。

隰县玉露香梨是山西省农科院果树以库尔勒香梨为母本、雪花梨为父本杂交育成的优质中熟梨新品种，玉露香梨以汁多、酥脆、含糖高、无公害等特点，畅销东南亚及俄罗斯等地，是 2008 年北京奥运会指定供应水果。

梨树生长习性：

（1）温度。梨树喜温，生育需要较高温度，休眠期则需一定低温。梨树适宜的年平均温度：秋子梨为 4～12 ℃，白梨及西洋梨为 7～15 ℃，沙梨为 13～21 ℃。当土温达 0.5 ℃以上时，根系开始活动，6～7 ℃时生长新根；超过 30 ℃或低于 0 ℃时即停止生长。当气温达 5 ℃以上，梨芽开始萌动，气温达 10 ℃以上即能开花，14 ℃以上开花加速。梨的耐寒力也不同，在隰县玉露香梨花器的受冻临界温度，现蕾期为 -5 ℃，花序分离期为 -3.5 ℃，开花期 1～2 天为 -1.5～2.0 ℃，开花当天为 -1.5 ℃。

（2）光照。梨树为喜光果树，年需日照在 1600～1700 小时，梨叶光补偿点约为 1100 勒克斯，光饱和点约为 54 000 勒克斯。

（3）水分。梨树生育需水量较多。蒸腾系数为 284～401，每平方米叶面积蒸腾水分约 40 克左右，低于 10 克时，即能引起伤害。秋子梨、白梨、西洋梨类耐湿性差，沙梨类耐湿性强。在沙壤土中当土壤水分含量在 15%～20%较适于根系生长，降至 12%则根系生长受抑制。

（4）土壤。梨树对土壤的适应性强，以土层深厚，土质疏松，透水和保水性能好，地下水位低的沙质壤土最为适宜。梨树对土壤酸碱适应性较广，pH 在 5～8.5 范围内均能正常生长，以 pH5.8～7 最为适宜。梨树耐盐碱性也较强，土壤含盐量在 0.2%以下生长正常，达 0.3%以上时，根系生长受害，生育明显不良。一般杜梨要求偏碱，而沙梨和豆梨要求偏酸。一般采用嫁接繁殖。供嫁接的砧木种类较多，常用的有杜梨、秋子梨、豆梨、沙梨等。提倡适度密植，一般梨园行距不小于 4～5 米，株距不小于 2～3 米。梨树需要每年施肥，才能保证树体的健壮生长、成花和结果。未结果幼树，以施氮肥为主；结果后需要氮、磷、钾等肥料配合施用。第一次在萌芽前，以肥为主。第二次在新梢生长缓慢期，以磷、钾肥为主；对结果较多的植株，可再追施一次，追肥以氮、钾为主，以促进果实肥大和花芽分化。生长期内，根据叶色变化，叶面喷肥数次，前期喷氮肥，后期氮、磷、钾配合。果实采收后，还可喷肥 1～2 次，以加强后期光合产物的积累。梨需水量较高，一般全年灌水 3～4 次。

梨的生长期划分见图 18-1。

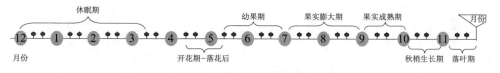

图 18-1　临汾市梨各生育期划分

18.1　休眠期

18.1.1　适宜的气象条件

（1）最低气温＞-25 ℃。

（2）月平均气温介于-10～-5 ℃，风速小于 5 米/秒。

18.1.2　不利的气象条件及气象灾害

（1）最低气温≤-25 ℃，两小时以上对树体形成冻伤。

（2）日平均气温＞-5 ℃，风速＞5 米/秒。

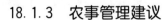

18.1.3　农事管理建议

这一时期管理主要达到以下目的：调整树形，减少养分无谓消耗，降低病、虫越冬基数。

（1）冬季修剪。首先对弱树修剪，中庸树中期剪，幼树、旺树和壮树到后期进行修剪。疏除过密枝、病虫枝，全园树形统一，枝条分布合理。

（2）清扫果园。对落叶、僵果、剪下枝条及杂草清扫后拿出果园外烧毁。

（3）在1月前进行树干涂白。涂白剂的制作方法：生石灰6千克、食盐1千克、豆浆0.25千克、水18千克混合均匀。

（4）喷5度石硫合剂1~2次（对整个树冠的每根枝条、芽及地面和周围植物都要喷施）。采用以上措施可有效降低病、虫越冬基数。

（5）春季复剪、抹芽。2月上、中旬，采用刻伤、除萌、扣芽、疏弱（包括弱芽、弱枝）等手法，认真进行春季复剪。

18.2　开花期—落花后

18.2.1　适宜的气象条件

（1）最低温度>0 ℃。

（2）日平均气温>15 ℃。

18.2.2　不利的气象条件及气象灾害

（1）最低温度<0 ℃梨花柱头受冻，低温时间>2小时梨花子房受冻。

（2）日平均气温<10 ℃授粉昆虫活动减弱。

18.2.3　农事管理建议

梨树花期管理很重要，有花才有果，梨树花期管理不当，或放任不管，易造成满树花、半树果的现象，坐果率低，经济效益低，采用如下方法加强梨树花期管理，可以提高坐果率，提高果实品质，提高经济效益。

（1）花前追肥。花前期追肥可提高花芽质量，并满足开花所消耗的营养，提高坐果率。可于花前半个月施入以复合肥为主的速效肥，一般成年树每株0.5~1千克，树势弱的树可加1~2千克尿素，施肥量应占全年的10%~15%。

　　（2）花前复剪。对修剪过轻，留花量较多的梨树应进行复剪，主要是疏除细弱枝，病枯枝，过密枝，调节果树负载量，根据留果量确定留花量，一般留花量应比预留果量多1～2倍，每个果台只留1个花芽，疏除过多的花芽，对修剪反应不敏感的不易成花的品种因生长枝甩放形成的一串花芽，要适当短截，即可使结果枝靠近主干，又可促发生长枝，为以后结果做准备。

　　（3）疏花和人工授粉。梨树花芽为复合芽，每花序多达5～18朵花、开花消耗树体大量营养，疏除多余的花，可使树体营养供应集中，提高坐果率，在花序分离时即可疏花，每个花序留1～2朵边花。对自花结实率较低的品种，应当配置好授粉树，未配置好授粉品种的，应人工授粉，人工授粉应在授粉前2～3天采集适宜授粉的品种成年树上充分膨大的花蕾或刚刚开放的花朵，采取花药，烘干出粉，集中人力于始盛花期人工点授。

　　（4）花期喷硼。硼能促进花粉管的萌发与伸长，促进树体内糖分的运输，花期喷硼能提高梨树的坐果率，可于花开25%和75%时各喷1次0.3%～0.5%的硼砂（酸）溶液，加0.3%～0.5%的尿素，开花需要大量磷、钾元素加喷或单喷0.3%的磷酸二氢钾溶液，也可提高坐果率。

　　（5）花期防霜冻。梨树开花早，花期多在晚霜前，极易受晚霜危害，梨花受冻后，雌花蕊变褐，干缩，开花而不能坐果，防霜的办法有以下几种：

　　①花前灌水，能降低地温，延缓根系活动，推迟花期，减轻或避免晚霜的危害。

　　②树干涂白，花前涂白树干，可使树体温度上升缓慢延迟花期3～5天，避免或减轻霜冻危害。

　　③熏烟防霜。熏烟能减少土壤热量的辐射散发，起到保湿效果，同时烟粒能吸收湿气，使水汽凝成液体而放出热量，提高地温，减轻或避免霜害。花期应当收听当地的天气预报，当气温有可能降到−2℃时就要防霜，常用的熏烟材料有锯末、秸秆、柴草、树叶等，分层交错堆放，中间插上引火物，以利点火出烟，熏烟前要组织好人力分片专人值班，在距地1米处挂一温度计，定时记录温度，若凌晨温度骤然降至0℃时就应点火熏烟，点火时统一号令同时进行，点火后要注意防止燃起火苗，尽量使其冒出浓烟，并注意不要灼伤树体枝干。也可利用防霜烟雾剂防霜，其配方常用的是硝酸铵20%～30%，锯末50%～60%，废柴油10%，细煤粉10%，硝酸铵、锯末、煤粉越细越好，按比例配好后，装入铁筒内，用时点燃，每亩用量2～2.5千克，注意应放在上风头。

18.2.4 病虫害及防治

（1）梨木虱、梨大食心虫、二斑叶螨：可用 1.8％阿维菌素 1500 倍液＋20％蚜虫林 2000 倍液或 20％啶虫脒 3000 倍液均匀喷施。

（2）黑斑病、锈病：可以用征露 750 倍液喷施。

（3）黑星病：可用治粉高 2500 倍液。

（4）预防红蜘蛛：可用 20％四螨泰 1500 倍液均匀喷施全株，可持效 60 天。

注意：初花期不要喷药，花后连用 2～3 次，间隔 10～15 天。

18.3 幼果期

18.3.1 适宜的气象条件

晴朗、微风天气打农药后 24 小时内无降水。

18.3.2 不利的气象条件及气象灾害

喷洒农药 24 小时内有降水天气，降低药效，增大成本。

18.3.3 农事管理建议

（1）套袋：套袋前喷施 5％啶虫脒分剂 1500 倍液＋征露 750 倍液，不要用乳油，以免加重果锈。

（2）追肥：亩施（15－15－15）复合肥 20 千克＋勇壮 3 千克。

（3）及时喷施萘乙酸及防落素以利于坐果。

18.3.4 病虫害及防治

（1）5 月中旬应重点防治第二代梨木虱若虫及第一代康氏粉蚧若虫，最佳药剂组合可选齐螨素加上毒死蜱或速扑杀。

（2）盲蝽象发生较重可选用锐劲特 2000 倍液治疗，持效期可长达 20 天。

（3）若个别品种梨黑星病已经发生，可喷施倍好力克 6000 倍液或苯醚甲环锉 3000 倍液进行治疗，10 天后喷安泰生 800 倍液进行保护。

（4）根据天气情况及螨类发生轻重，选用炔螨特 3000 倍液或哒螨灵 2500

倍液进行防治。

18.4　果实膨大期

18.4.1　适宜的气象条件

（1）风速<10米/秒。

（2）降水>90毫米。

（3）晴天打农药防病。

（4）果园生草创造小气候。

18.4.2　不利的气象条件及气象灾害

（1）风速≥17米/秒出现套袋脱落。

（2）降水<50毫米出现干旱。

（3）雨天药效减低。

（4）若果园无草不利于保湿和减小地温变化。

（5）冰雹。

18.4.3　农事管理建议

（1）做好夏剪。

（2）及时追肥，补充养分，促进果实膨大，亩用高钾复合肥20千克，间隔15天，连用3次。

18.4.4　病虫害及防治

（1）进入6月中旬以后，病害防治可以连续喷用倍量式波尔多液或800倍安泰生，持效期可达半月。

（2）7月上旬—8月上旬是防治康氏粉蚧一二代成虫最关键期，常用的药剂有速扑杀1500倍液、毒死蜱1500倍液等。

（3）个别发现黑星病斑后立即喷布43%好立克4000倍液进行治疗，降雨较少、病发较轻的年份可以用腈菌挫1500倍液作为常规治疗药剂。

（4）防梨小喷2.5%敌杀死2000倍液或乙烯甲胺磷800倍液或乐斯本2000倍液。

18.5   果实成熟期

18.5.1   适宜的气象条件

(1) 风速<10 米/秒。

(2) 降水大于 30 毫米,且无连阴雨。

18.5.2   不利的气象条件及气象灾害

(1) 风速≥15 米/秒出现套袋带梨脱落和相互碰伤。

(2) 易出现黑星病不利储存。

18.5.3   农事管理建议

(1) 果园四周建防风墙,疏果应注意间距和树枝的距离。

(2) 将病果和好果分离。

18.5.4   病虫害及防治

果实及叶部病害、食心虫、卷叶蛾,可用 1.8% 阿维,高氯 1000 倍液喷施。注意成熟期不要喷施波尔多液,以免污染果面。

18.6   秋梢生长期

18.6.1   适宜的气象条件

(1) 风速<10 米/秒。

(2) 降水>110 毫米。

18.6.2   不利的气象条件及气象灾害

(1) 风速≥17 米/秒出现套袋带梨脱落。

(2) 降水<50 毫米出现干旱。

(3) 冰雹。

18.6.3   农事管理建议

(1) 做好果园整洁护理工作。

（2）秋施底肥为树体提供养分积累，有利明年果实生长，亩用3个15复合肥15千克，提供树体养分积累，有利明年果实生长，老园林再株施硫酸亚铁0.5～1千克。

（3）采收后用1000～3000 ppm矮壮素溶液，可抑制秋梢的生长，促进花芽形成，增加来年坐果提高抗性。

18.6.4 病虫害及防治

防治对象为梨木虱等害虫，可用1.8%阿维菌素2000～3000倍液或征露750倍液＋治粉高2500倍液。

18.7 采后落叶期

（1）适宜的气象条件：晴天。

（2）不利的气象条件及气象灾害：雨雪天影响树干涂药。

（3）农事管理建议：清扫果园，集中销毁；及时冬剪，销毁病枝。

19　枣

19.1　枣树对气象条件的要求

枣树对自然环境适应性强，具有耐盐碱、耐热抗寒、抗旱抗风沙的特性。枣树是喜强光光照的植物树种，光照强度大小和日照时数的长短直接影响光合作用，一般制干品种要求 4—10 月累计日照时数在 1500 小时以上，优质制干品种则要求达到 1700 小时。红枣树有喜温的特性，对温度条件敏感，不同品种枣树对积温的要求不尽相同，一般从萌芽到枣果成熟期所需≥0 ℃的积温为 3200～3750 ℃·天。红枣树生长季（夏）能耐至 45 ℃的高温，休眠季（冬）能耐至−26 ℃左右的低温（因品种不同耐寒能力有所区别）。红枣树对水分的适应性很强，以年降水量 400～600 毫米为最适宜。

（1）温度。温度是影响冬枣生长发育的主要因素之一，直接影响着冬枣的分布。枣树为喜温树种，其生长发育需要较高的温度，表现为萌芽晚，落叶早。当春季气温上升到 13～15 ℃时，枣芽开始萌发，17～18 ℃时抽枝、展叶和花芽分化，19 ℃时现蕾，日平均气温达到 20 ℃左右进入始花期，22～25 ℃进入盛花期。花粉发芽的适宜温度为 24～26 ℃，低于 20 ℃或高于 38 ℃，发芽率显著降低。果实生长发育的适宜温度是 24～27 ℃，温度偏低果实生长缓慢、瘦小，干物质少，品质差。因此，花期与果实生长期的气温是冬枣栽种区域的重要限制因素。果实成熟期的适宜温度为 18～22 ℃。当秋季气温降至 15 ℃时，树叶变黄开始脱落，至初霜期落尽，进入休眠期。枣树对低温、高温的忍受力很强，在−30 ℃可越冬，在最高气温为 45 ℃时，也能开花结果。

枣树对温度的适应能力强，凡是冬季最低温度不低于−30 ℃，花期日均气温稳定在 22 ℃以上，花后到秋季果实生长发育期，日平均温度下降到 16 ℃以前大于 100～120 天的地区，均能正常生长。

枣树的根系活动比地上部早，在土壤温度 7～9 ℃时开始活动，10～20 ℃时缓慢生长，22～25 ℃进入旺长期，土温降至 21 ℃以下生长缓慢直至停长。

（2）湿度。枣树对湿度的适应范围较广，在年降水量 100～200 毫米的区域均有分布，以降水量 400～700 毫米较为适宜。枣抗旱耐涝，低年降水量不足 100 毫米，最高年降水量达 1160 毫米均能正常生长结果。枣园积水 1 个多月也不会因涝致死。

枣树不同物候期对湿度的要求不同。花期要求较高的湿度，授粉受精的适宜湿度是相对湿度 70%～85%，若此期过于干燥，相对湿度低于 40%，影响花粉发芽和花粉管的伸长，导致授粉受精不良，落花落果严重，产量下降。相反，雨量过多，尤其是花期连续阴雨，气温降低花粉不能正常发芽，坐果率也会降低。果实生长后期要求少雨多晴天，利于糖分的积累及着色。雨量过多、过频，也会影响果实的生长发育，加重裂果、浆烂等果实病害。"旱枣涝梨"指的就是果实生长后期雨少易获丰产。

土壤湿度可直接影响树体内水分平衡及器官的生长发育。当 30 厘米土层的含水量为 5% 时，枣苗出现暂时萎蔫，3% 时永久萎蔫，水分过多，土壤透气不良，会造成烂根甚至死亡。

（3）光照。枣树的喜光性很强，光照度和日照长短直接影响其光合作用，从而影响生长和结果。适宜的光照度可促进细胞增大和分化，又可控制细胞分裂和伸长，有利于树体干物质的积累和正常生长。花芽形成的数量和质量随光照度的降低而减少，光照不足影响果实发育造成落果。坐果率随着光照度的降低明显下降。果实色泽、含糖量和维生素 C 含量也与光照有直接关系。光照不足也会影响根系生长，因根系生长所需养分主要来源于地上部的光合作用产物。

光照对枣树生长结果的影响在生产中较常见。密闭枣园的枣树，树势弱，枣头、二次枝、枣吊生长不良，无效枝多，内膛枯死枝多，产量低，品质差；边行、边株结果多，品质好。就一株树而言，树冠外围，顶部结果多，品质好，内膛及下部结果少，品质差。因此，在生产中，除进行合理密植外，还应通过合理的冬、夏修剪，塑造良好的树体结构，改善各部分的光照条件，达到丰产优质。

（4）土壤。土壤是枣树生长发育中所需水分、矿质元素的供应地，土壤的质地、土层厚度、透气性、pH、水、有机质等对枣树的生长发育有直接影响。枣树对土壤要求不严，抗盐碱，耐瘠薄。在土壤 pH 为 5.5～8.2 范围内，均能正常生长，土壤含盐量 0.4% 时也能忍耐，但尤以生长在土质肥沃的砂质壤土中的枣树树冠高大，根系深广，生长健壮，丰产性强，产量高而稳定。生长在肥力较低的沙质土或砾质土中，保水保肥性差，树势较弱，产量低。生长在黏重土壤中的枣树，因土壤透气不良，根幅和冠幅就小，丰产性差。

这主要是因为土壤给枣树提供的营养物质和生长环境不同所致。因此，建园尽量选在土层深厚的壤土上，对生长在土质较差条件下的枣树，要加强管理，改土培肥，改善土壤供肥、供水能力和透气性，满足枣树对肥水的需求，达到优质稳产的目的。

（5）风。微风与和风对冬枣有利，可以促进气体交换，改变温度、湿度，调节生长环境，促进蒸腾作用，有利于生长、开花、授粉与结实。还可维持枣林中二氧化碳与氧气的正常浓度，有利于光合作用的进行。大风与干热风对枣树生长发育不利。在休眠期冬枣抗风能力很强，生长期较差，萌芽期遭遇大风可改变嫩枝的生长状态，抑制正常生长，甚至折断树枝等。花期遇大风，尤其是西南方向的干热风，降低空气湿度，增强蒸腾作用，致使花、蕾焦枯，落花落蕾，降低坐果率。果实生长后期或熟前遇大风，由于枝条摇摆，果实相互碰撞，导致落果，称为"落风枣"，效益降低。

为减少风对枣树的不良影响，在枣树花期和果实发育期，喷洒清水、微量元素，可提高空气湿度和坐果率，增强抵御干热风和大风的能力，对提高产量、品质十分有利。建园时应造防风林，减少风害，避免在风口地带栽植冬枣。

19.2 枣树各生育期与气象服务

19.2.1 萌芽展叶期气象服务指标及管理措施

早春枣树萌动期一般在 4 月上旬开始，旬平均气温升至 11～12 ℃时，树液开始流动。在 4 月下旬枣树开始萌芽，同时嫩叶很快抽出，叶片展开。

1. 适宜的气象条件

春季气温稳定在 13～15 ℃枣树开始萌芽，同时嫩叶很快抽出，叶片展开。枣树萌芽后随着气温的升高，展叶、枣吊、二次枝的发育生长逐渐加快，气温达到 18～20 ℃时抽枝展叶、花芽分化、枝叶迅速生长，结果枝和发育枝进入旺盛生长期，叶腋开始出现花蕾。

2. 不利的气象条件

（1）日平均气温低于 10 ℃则萌芽生长发育缓慢，但当出现 23 ℃以上较高温度时，则萌芽展叶受到影响，枣树发育进程延缓。

（2）地温达到 21 ℃以上时枣树根系旺盛生长，如果春季气温回升过快，而土壤温度回升较慢，可能造成花芽、嫩枝失水凋萎。

（3）气温回升过慢，枣树萌芽到开花所需的时间延长，从而加大了储藏营养在这一段的消耗，不利于营养的积累和枣树的开花与坐果。

（4）春季冷空气活动频繁，出现强大风天气可以吹干枣树嫩叶，吹断枣树枝条，损伤果枝而失去生长点。

3. 田间管理

（1）催芽水。早春（4 月上旬）萌芽前浇催芽水，结合追肥灌水一次，以促进枣树抽枝、展叶和花蕾形成。

（2）抹芽。对于刚萌发无利用价值的枣芽，应及早从基部抹除，保留基部枣吊，以节约营养。

（3）摘心。萌芽展叶后到 6 月，对枣头一次枝、二次枝、枣吊进行摘心，阻止其加长生长，有利于当年结果和培养健壮的结果枝组。

（4）拉枝。一般在 5—7 月进行，使枝条分布均称，冠内通风透光良好。

19.2.2　开花期气象服务指标及管理措施

枣树花芽当年分化，当年开花。当果枝抽出 1 厘米时，花芽分化已经开始。当旬平均气温达 20 ℃时，花序出现（5 月中旬）；旬平均气温 19～20 ℃时（5 月下旬）进入始花期；旬平均气温 22～25 ℃（6 月上旬）进入盛花授粉期；7 月下旬进入开花末期，整个花期持续 2 个月左右。枣树和其他果树相比，花量大，花期长，养分消耗多，落花落果现象严重，自然坐果率只有 1％左右。

1. 适宜的气象条件

（1）一般枣树的花粉发芽的适宜温度为 24～30 ℃，花期对水分相当敏感，空气相对湿度为 75％～85％，有利于枣花传粉受精，坐果率高。

（2）光照充足，充足的光照使花芽分化良好。

（3）风力 3～4 级，有利于红枣开花授粉。

2. 不利的气象条件

（1）气温<20 ℃时影响开花进程，甚至造成坐果不良。

（2）花期若遇到 36 ℃以上的高温，加之干旱少雨，空气湿度小，易造成枣花柱头枯萎而脱落。空气相对湿度小于 25％会造成大量"焦花"和幼果脱落。

（3）花期大风可造成枣树大量落花，如果出现干热风还会加速叶片水分蒸腾，影响体内有机物质的积累和输送，叶片萎缩、花器干枯，影响坐果。

（4）花期出现沙尘天气，枣树的光合作用能力和授粉率下降。

3. 田间管理

（1）花前水。在枣树的初花期（时间约为 5 月中下旬），为防止干旱造成"焦花"现象，因此要在花前结合追肥灌水一次，之后视天气状况于盛花期灌一次浅水。

（2）花期喷水。可增加空气湿度，迅速补充树体营养，提高坐果率。花期喷水喷肥一般在 6 月上旬，枣树盛花初期进行（有 40％的花朵开放就可以进行喷水喷肥）。花期喷水 3～4 次（5 月上旬、5 月下旬、6 月上旬、6 月下旬，每 2 周 1 次）

（3）叶面喷肥。又称根外追肥，可与花期喷水和病虫害防治相结合，叶面喷肥最适宜温度为 18～25 ℃，避开高温天气进行，一般在 10 时以前或 19 时以后喷洒，效果最佳。一般用 0.3％的尿素或 0.3％磷酸二氢钾或微量元素进行叶面喷洒，能显著提高坐果率。整个花期喷肥一般进行 3 次，每次间隔 5～7 天。

（4）花期放蜂。枣树花期应引进蜂源，对枣园进行全面花期放蜂，放蜂可提高枣树坐果率 1～3 倍。

（5）环剥。枣树环剥应该在 5 年生以上结果大树上进行，一般选在盛花初期，当大部分结果枝枣吊开放 5～10 朵花时进行，一般在 5 月底—6 月上中旬。

19.2.3 果实发育期气象服务指标及管理措施

红枣果实发育期可分为 4 个时期，共 85～105 天。一般 6 月上旬末进入坐果生长期，6 月上旬—6 月下旬为枣果缓慢生长期；6 月下旬—7 月下旬为枣果纵径快速生长期；8 月上旬—8 月中旬为枣核形成期，8 月中旬后期—8 月下旬为子叶、果肉快速生长期。

1. 适宜的气象条件

红枣坐果和果实膨大适宜温度 25～30 ℃，气温日较差在 12 ℃以上，相对湿度在 75％左右；果实生长前期需水较多，遇干旱会使果实小、产量低，且对根系生长不利，果实生长后期，以晴天少雨的气候最为适宜。果实生长期要求土壤水分占保持田间持水量的 65％～75％，光照充足。

2. 不利的气象条件

（1）日平均气温低于 18 ℃，浆果生长缓慢，成熟期推迟。

（2）夏季高温抑制枣果生长，气温高于 40 ℃时容易造成生理落果和日灼病。

（3）夏季出现大风天气容易造成落果。

3. 田间管理

（1）幼果期追肥。7 月中旬进行追肥，以无机肥为主一般每株施入磷酸二铵 0.5～1 千克，钾肥 0.1～0.2 千克。其主要作用是促进枝叶正常生长，促进果实发育，提高产量和品质。

（2）叶面喷施微肥。叶面喷施微肥促果实发育，以磷酸二铵、磷酸二氢钾、氯化钾、复合微肥为主。

（3）保果水。6 月中旬—7 月下旬为幼果发育期，需水量较大，此期应灌水两次。

（4）促果水。7 月下旬—8 月为果实膨大期，此时正值高温天气，枝叶易和幼果争夺水分，导致幼果萎蔫，需灌水一次，应结合追肥灌水一次。

（5）病虫害防治。加强枣壁虱、红蜘蛛的防治。6 月上旬，喷施 50％硫悬浮剂 300～400 倍液 1～2 次，每 7～10 天一次，可杀灭大多数卵、若螨、成螨，能基本控制全年危害。6 月中旬—7 月上旬，对虫口密度较大的枣园用下列药剂喷施 2～3 次可取得较好的防效：50％硫悬浮剂 300～500 倍液、20％螨死净 2000～3000 倍液、1％阿维菌 3000 倍液等。

19.2.4　果实成熟期气象服务指标及管理措施

根据枣果发育过程，枣果成熟过程可分为：白熟期、脆熟期、完熟期。

1. 适宜的气象条件

（1）成熟期要求旬平均气温 18～22 ℃，且昼夜温差＞12 ℃，有利于糖分积累，个大色美。

（2）脆熟到完熟期，平均每日需日照时数≥9 小时，才能保证长成优质红枣。

（3）成熟期对水分需求较低，降水少，无大风天气。

2. 不利的气象条件

（1）成熟期气温低于 16 ℃易形成皱果。

（2）采摘期若遇阴雨或降水天气，容易造成裂果烂果。

（3）局地阵性大风天气容易造成果实脱落，果枝折断。

3. 田间管理

（1）鲜食红枣的采摘。鲜食的一般在 9 月中下旬开始采摘，即枣果脆熟期，此时果皮全部着色或 2/3 着色，果皮颜色较淡，果肉淡绿色，水分含量高，肉质酥脆可口。

（2）制干红枣的采摘。制干的枣果 10 月上中旬采摘，即果实完熟期后 15～20 天，果皮深红，果肉失水，果皮开始皱缩，停止营养积累，此时采摘果实色泽鲜艳，果形饱满，干物质积累多，含糖量高，容易晾晒，品质好。

（3）枣果的制干。枣果在枣树上成熟风干后，震落收集，枣果成熟度高，干物质积累多，色泽、外形美观，品质好。

19.2.5 落叶、休眠期气象服务指标及管理措施

入秋后气温逐渐降低，日照变短，树体的活动也逐渐减退，转移到枝根中的葡萄糖转化成淀粉，储存于细胞内，叶片中的氮、磷、钾等部分回收到树体内，叶形成离层而落叶。随着冬季气温降低，土壤封冻，枣树进入休眠期。

1. 适宜的气象条件

气温逐渐降低，日平均气温 0～5 ℃时间长，少大风、降雨天气。

2. 不利的气象条件

（1）初霜出现过早，10 月初甚至 9 月中下旬就出现霜冻，造成落叶过早，枣树枝条储存养分不足。

（2）秋季气温偏高，初冬气温骤降，枝条未休眠而受冻。

（3）11 月下旬前出现大风、寒潮降温天气，土壤骤冻，枣树冬前抗寒性锻炼不足，越冬容易受冻。

3. 田间管理

（1）施基肥。枣果采收后至土壤冻前（10—11 月）施用，以有机肥为主，腐熟的农家肥或棉籽饼，幼树每株 20 千克农家肥或 0.5～1 千克饼肥，盛果期树每株 100 千克农家肥或 3～5 千克饼肥。施肥方式用环状沟或放射状沟施，沟深 30～40 厘米，位置为幼树距树干 50～70 厘米，盛果期树距树干 100～150 厘米处。

（2）封冻水。封冻水不能灌得过晚，10月下旬前灌完。

（3）冬季修剪。枣树冬季修剪即在落叶后至萌芽前进行，以2—3月为好。

（4）防治病虫害。结合冬季修剪，刮除老树皮，树干涂白，剪除虫枝，深埋或烧毁，或绑缚黏虫胶带诱捕害虫。

（5）加强枣树冬管。做好枣树冬季管护工作，1～3年生幼树主干绑作物秸秆或薄膜，防寒和野兔啃咬树皮。

19.3　枣树周年管理

枣树周年管理见表19-1。

表19-1　枣树周年管理工作历

时期	物候期	主要管理内容
11月初— 4月初	休眠期	1. 清洁枣园，处理主干处诱杀害虫的草把 2. 刮树皮，涂白，消灭树皮缝中的越冬虫、卵和病原菌 3. 1～3年生幼树主干绑作物秸秆或薄膜，防寒和野兔啃咬树皮 4. 整形修剪，采集接穗 5. 施基肥，灌越冬水 6. 制订全年工作计划，组织技术培训 7. 结合修剪，剪除虫枝，集中烧毁
4月初— 5月中旬	萌芽 抽枝期	1. 枣树改良，高接换种 2. 间作物的播种 3. 灌水，土壤施追肥和叶面追肥 4. 萌芽前喷3～5波美度硫合剂，防治梨园蚧、红蜘蛛、枣壁虱
5月下旬— 6月下旬	开花期	1. 夏季修剪，重点摘心 2. 叶面喷肥，土壤追肥和灌水 3. 枣园放蜂 4. 开甲 5. 防治枣壁虱、红蜘蛛 6. 枣园喷水 7. 中耕除草 8. 间作物管理
7月	幼果期	1. 枣壁虱、红蜘蛛、枣粉蚧的防治 2. 喷施微肥 3. 枣树追肥和田间灌水 4. 中耕除草 5. 间作物的管理

续表

时期	物候期	主要管理内容
8月	果实发育期	1. 枣壁虱、红蜘蛛的防治 2. 喷施微肥，促果实发育 3. 中耕除草压绿肥 4. 枣园浇水
9—10月	成熟期至落叶期	1. 树干绑草把诱杀越冬害虫 2. 根据枣果用途，适期采收 3. 枣果保鲜、晾晒、干制和加工 4. 间作物收获，冬小麦播种 5. 秋施基肥，秋耕枣园

19.4　病虫害及防治

19.4.1　主要病害

1. 枣疯病

枣疯病主要侵害枣树和酸枣树。一般在开花后出现明显症状。主要表现：

（1）葫芦枣。花变成叶，花器退化，花柄延长，萼片、花瓣、雄蕊均变成小叶，雌蕊转化为小枝。

（2）芽不正常萌发。病株一年生发育枝的主芽和多年生发育枝上的隐芽，均萌发成发育枝，其上的芽又大部分萌发成小枝，如此逐级生枝。病枝纤细，节间缩短，呈丛状，叶片小而萎黄。

（3）叶片病变。先是叶肉变黄、叶脉仍绿，以后整个叶片黄化，叶的边缘向上反卷，暗淡无光，叶片变硬变脆，有的叶尖边缘焦枯，严重时病叶脱落。花后长出的叶片比较狭小，具明脉，翠绿色，易焦枯。有时在叶背面主脉上再长出一个小的明脉叶片，形状呈鼠耳状。

（4）果实病变。病花一般不能结果，病株上的健壮枝条仍可结果，果实大小不一，果面着色不匀，凹凸不平，凸起处呈红色，凹处是绿色，果肉组织松软，不堪食用。

（5）根部病变。感染疯病树主根由于不定芽的大量萌发，往往长出一丛丛的短疯根，同一条根上可出现多丛疯根。后期病根皮层腐烂，严重者全株死亡。

防治方法：

（1）加强枣园管理。重点是水、肥管理，对土质条件差的要进行深翻扩穴，增施有机肥、磷钾肥。穴施土壤免深耕处理剂 200 克/亩，穴施"保得"土壤生物菌接种剂 250～300 克/亩。疏松土壤、改良土壤性质，提高土壤肥力，增强树体抗病能力。

（2）对发病轻的枣树，用四环素族药物治疗，每年施药 2 次。施药时间是早春树液流动前，在病株主干 50～80 厘米处，沿干周钻孔 3 排或者环割，深达木质部，后塞入浸有 250 倍液法丛灵液 400～500 毫升的药棉，用塑料布包扎严。同时修除病枝。

2. 枣锈病

该病危害叶片，初期叶片背面散生或聚生淡绿色小点，逐渐变为淡灰褐色，以后病斑凸起呈黄褐色。病斑发生在叶脉两侧、叶尖和叶片基部，叶脉两侧病斑多连成片状，当其成熟后，表皮破裂，散出黄粉，叶片逐渐失去光泽，布满黄褐色角斑，最后干枯、落叶。病害严重者全树叶片脱落，致使枣果皱缩、含糖量下降，不能正常成熟，失去食用价值。此病发生轻重与 7—8 月的空气相对湿度、气温有关。当 7—8 月空气相对湿度在 70％～80％、气温在 30 ℃以上时，发病率可达 80％以上。根据观察，7 月总降水量达 250 毫米、日平均气温达 30 ℃时，病害发生早而重，降水量少于 130 毫米时，发病晚而轻。

防治方法：

（1）加强栽培管理。枣园不宜密植，应合理修剪使之通风透光。雨季及时排水，防止园内过于潮湿，以增强树势。

（2）清除初侵染源，晚秋和冬季清除落叶，集中烧毁。

（3）发病严重的枣园，可在 7 月上中旬喷洒 45％晶体石硫合剂 300 倍液。必要时还可以选用三唑酮、等高效杀菌剂。

3. 枣浆烂果病

主要是由轮纹菌和干腐菌侵染造成的。病原菌通过伤口和气孔侵入，枣裂果可增加病菌侵入机会。

防治方法：

（1）氮肥施用量不能过大，坐果后保证磷、钾、钙等营养元素的供应。

基肥要以有机肥为主，配合使用氮、磷、钾复合肥。7 月中旬幼果期注意叶面喷施钙元素肥料。

（2）果皮厚、单位面积皮孔数少、大皮孔率低的品系抗病，裂果率低的无核金丝小枣抗病性强，可以嫁接或栽植抗病性强的品系。

（3）每亩产量控制在 650～700 千克为宜。

（4）疏除过密枝，培养良好的树体结构，通风透光、合理坐果、健壮树势，可减轻病害发生。

（5）及时清除枣园中的落叶、落果，结合修剪去除树上病枝，早春刮树皮并将病残体集中烧毁，均能有效减少病菌。

（6）早春结合刮树皮，树体喷布 3～5 度石硫合剂，铲除越冬的病原。6 月底至 7 月初在树上喷布 1：2：200 波尔多液或 77％可杀得可湿性粉剂 400～600 倍液；7 月中旬至 9 月中旬，每 10 天喷 1 次农用链霉素（每百万单位兑水 6～10 千克），并可交替混入 800 倍甲基托布津、代森锰锌，25％戊唑醇 4000～5000 倍液，10％氟硅唑乳剂 3000 倍液，应使全部果面均匀着药。

（7）在永和枣成熟、采摘、晾晒期间，预知有连阴雨天时，应提前采摘进行烘干，不能及时烘干的，可先放进冷库暂存几天；正常天气采用烘干技术制干，减少浆烂果。

4. 枣缩果病（干腰、味苦）

该病是我国枣区危害枣果的重要病害，是由多种真菌侵染造成的。

防治方法：

（1）如果上年感病指数比较高，先要清理枣园内的落叶、落果，并集中进行处理，以切断传播源。

（2）加强枣园肥水管理，提高树体抗性。若是大龄树，在枣树萌芽前刮除并烧毁老树皮，并对全树喷 1 次石硫合剂。

（3）用真菌 1 号 800 倍液或硫酸链霉素 6500 倍液在 6 月底首次喷药杀灭病原菌，7 月底—8 月初，每隔 10 天喷药 1 次。

5. 枣炭疽病

该病使枣果受害重，多发生在枣果成熟期至采收后，常造成大量落果。

防治方法：

（1）降低菌源基数，减少病源。对树下枣吊、落叶、病果等及时清除，也包括附近刺槐树的落叶及相关染病树种的病果、枯死枝叶等。尽量不用刺槐防护林，改用其他树种。

（2）枣园不宜密植，应合理修剪使之通风透光；雨季及时排水，防止园内过于潮湿，以增强树势。

（3）做好害虫防治，断绝传播途径。对蝽象类、叶蝉类等刺吸式口器害虫做重点防治。

（4）于发病期前的 6 月下旬先用一次杀菌剂消灭树上病源，可选 70% 甲基托布津 800 倍液、50% 多菌灵 800 倍液、40% 新星乳油 800 倍液等；临近发病期可结合枣锈病防治，于 7 月中、下旬喷 1 次倍量式波尔多液 200 倍液或 77% 可杀得可湿性粉剂 400～600 倍液；发病期的 8 月中旬左右，选用 1000 万单位农用链霉素（一百万单位兑水 6～8 千克）或 10% 多氧霉素 1000 倍液交替使用，并混入 80% 代森锰锌（喷克、大生 M－45、新万生）可湿性粉剂 800 倍液或 40% 新星乳油 10 000 倍液，每 10～15 天 1 次，至 9 月上、中旬一般结束用药。

6. 枣铁皮病

即黑腐病、轮纹病，主要危害枣果。8 月中旬始见，多从果肩开始，出现不规则斑块状，直至整个果实变为黄褐色，果皮很快变为红褐色至暗红色，失去光泽，外观呈铁锈色，因此称为铁皮病。

防治方法：

（1）加强栽培管理，改进果园通风透光。防涝防旱，锄草翻土，增施有机肥料，多施磷钾肥，以增强果树长势，提高抗病力。

（2）经常清除和烧毁病叶、落叶，以减少侵染源。

19.4.2　主要虫害

1. 枣镰翅小卷蛾

该虫又名枣黏虫，幼虫取食叶片，钻蛀枣果。老熟幼虫体长 12 毫米，初孵化时头部黑褐色，胴部黄白色，后渐变成黄绿色，前胸背板和臀板褐色，疏生黄色短毛。枣黏虫在临汾市每年大约发生 3 代，第 1 代幼虫历期 23 天。这一代幼虫非常活跃，稍有惊动便乱蹦乱跳并吐丝下垂，先取食新嫩叶，稍后即吐丝缀合数片叶子成饺子状，藏在里面取食，每条幼虫一生可取 8～10 片叶子；第 2 代幼虫历期 38 天，除吃叶子外还侵入枣花危害，咬断花柄蛀食花蕾；第 3 代幼虫历期 53 天，主要危害果实，蛀入枣果后绕核取食并把粪便排出果外，被害果实不久发红脱落。第 1 代老熟幼虫在卷叶内作茧并于 5 月下旬化蛹，第 2 代化蛹与第 1 代方式和场所相同，第 3 代老熟幼虫从果内钻出后转移到枣树主干、主枝粗皮裂缝作茧化蛹越冬。

防治方法：

（1）利用永和枣休眠季节，人工刮除树干、枝叉处的粗皮和翘皮，事先在树下铺好塑料布收集树皮及虫茧，集中浇掉。黑光灯（杀虫灯）诱杀成虫：于成虫发生期，设置黑光灯诱杀成虫。5—6月，对药剂遗漏防治的黏虫包进行摘除。9月上旬起，在树干枝叉处绑草把，诱虫化蛹，再取下烧掉。

（2）关键要抓好第1代幼虫防治，基本与枣尺蠖同步进行，所用药剂也相同。第2代幼虫的防治正值花期前后，此时天敌大量发生，选择药剂时应防止伤害天敌与蜜蜂，可用20%杀铃脲悬浮剂8000～10 000倍液，持效期可达15天以上，也可选用5%卡死克（氟虫脲）乳油1500倍液兼治红蜘蛛类害螨。

（3）在保护天敌的条件下，可选用赤眼蜂防治，在第2代成虫产卵期（7月中、下旬开始），每株释放松毛虫赤眼蜂3000～5000头，在调查田间卵的基础上，于卵的初期和盛期各释放一次（每次间隔约4天）最好，田间卵被寄生率可达85%以上。可利用微生物杀虫剂，如喷洒Bt（100亿活芽孢/克）乳剂500倍液，或白僵菌普通粉剂（100亿活孢子/克）500～600倍液。

2. 桃小食心虫

该虫是枣树的主要害虫之一。老熟幼虫体长12～16毫米，前胸气门前区着生刚毛2根，腹足趾钩单序全环，无臀足。在临汾市大约每年发生1代，以老熟幼虫在枣树下30厘米深土壤越冬。翌年6月下旬开始出土，7月下旬为成虫羽化盛期，也是蛀果始期，8月中旬为蛀果盛期，9月结束。幼虫蛀入果实后绕枣核周围取食，并将枣核周围吃空，同时将虫粪排在果内不向外泄，所以人称"蛆枣"或"豆沙馅"。它与枣黏虫的区别是，枣黏虫蛀入果内取食后，将粪便排出果外，果内不留粪便，而该虫取食后则把粪便排在果内的核周围，并不向外排泄。

防治方法：

（1）5月中旬至6月上旬的雨后，在树干根颈50厘米为半径的范围内撒5%辛硫磷颗粒剂或喷500倍液辛硫磷液，然后用锄头锄翻土壤，使辛硫磷埋于土下，尽量减少辛硫磷见光分解失效的损失。如果再用宽幅地膜覆盖在上面，效果更好。

（2）在桃小食心虫幼虫出土高峰前，用15%乐斯本颗粒剂2千克或50%辛硫磷乳油500克与细土15～25千克充分混合，均匀地撒在1亩地的树干下地面，用手耙将药土与土壤混合，整平。乐斯本颗粒使用1次即可，辛硫磷应连施2～3次。

（3）在越冬幼虫出土前，用草绳在树干基部缠绑2～3圈，诱集出土幼虫入内化蛹，定期检查捕杀。

（4）在成虫产卵前对果实进行套袋保护。进入 7 月后做好监测预报，在卵孵化盛期及幼虫孵化初盛期进行药剂防治，每次喷药最好在 3～4 天内喷完，隔一周再喷一次。

（5）BT 杀虫剂是常用细菌农药，以胃毒作用为主，对鳞翅目害虫防治效果达到 80％～90％。桃小食心虫卵果率达 1％时，喷施 BT 可湿性粉剂 500～1000 倍液，25％灭幼脲 3 号 2000～2500 倍喷雾等。

（6）摘除虫果。在幼虫蛀果危害期间（幼虫脱果前），果园巡回检查，摘除虫果，并杀灭果内幼虫。每 10 天摘 1 次虫果，可有效控制虫害的发生。

（7）田间安置黑光灯或利用桃小食心虫性诱剂诱杀成虫。

3. 枣步曲

该虫又称枣尺蠖，以幼虫危害枣芽、枣叶，严重影响坐果结实，能造成减产和绝产。老熟幼虫体长 40 毫米，初龄为黑色，逐渐变成青灰色。胴部有 6 个白色环纹，老熟时胴部灰绿色，具黑色和褐色细纵条纹，每节两侧有 2 个对称的黑点。越冬蛹 4 月上旬开始羽化，卵成块产于枣树主干、主枝粗皮裂缝内，幼虫 4 月下旬开始孵化，5 月上旬—中旬为盛期，5 月底老熟幼虫开始入土，6 月下旬入土幼虫化蛹越冬。

防治方法：

（1）秋季翻园捡拾蛹消灭。

（2）薄膜毒绳法。早春成虫即将羽化时，在树干中下部刮去老粗皮，绑宽 20 厘米扇形薄膜，用 2.5％溴氰菊酯 1∶1000 倍液浸草绳，晾干后捆绑薄膜中部，将薄膜上方向下反卷成喇叭形，以阻止和杀死上树雌蛾和幼虫。

（3）在幼虫发生期，利用其假死性以木杆击枝，使幼虫落地进行人工捕杀。

（4）幼虫发生期，根据虫口密度，确定药剂防治时期。虫口密度大时，可用菊酯类、灭幼脲等药剂防治。

4. 枣绮夜蛾

该虫以幼虫取食花、叶、果，造成严重落花、落果，使红枣大幅度减产。老熟幼虫体长 10～15 毫米，头宽 1.1～1.3 毫米，初虫体淡黄色，逐渐变为黄绿色至紫红色。背部有 3 条明显的粉红纵线，各节生长短不等的刚毛。此虫每年发生 2 代，第 1 代幼虫 5 月下旬出现，6 月中旬为盛期；第 2 代幼虫 7 月中旬出现，下旬为盛期。成虫趋光性强，以吸食枣花蜜和水来补充营养，卵散产于枣吊、叶片、叶柄、花梗的交叉点上，幼虫孵化率 90％，每头幼虫每生可食掉 65 个花蕾或幼果。以蛹在树干粗皮裂缝或树洞里越冬。

防治方法：

（1）幼虫老熟时，在枣树枝干上绑草绳，诱其化蛹，集中焚烧。

（2）幼虫发生期喷苏云杆菌，可杀死害虫并保护天敌。

（3）虫口密度大时，盛花期喷灭扫利或菊酯类农药，防治效果好。

5. 食芽象甲

该虫又叫枣飞象，成虫取食树芽、叶，造成二次发芽，严重危害后能造成红枣绝产。成虫全体被灰色短鳞片，小盾片呈三角形，鞘翅长方形，后端稍尖，翅上有纵小点刻线。此虫在临汾市每年发生1代，以幼虫在地下5～10厘米深土层内做土室越冬。5月中旬为成虫羽化期和危害盛期，早晚因气温低成虫不活跃，多隐藏于枣股或枝条"丫"叉背面不易发现，当振动树枝时成虫受惊后假死落地，落地静止后又开始爬行飞翔。白天气温逐渐升高后，成虫起飞上树危害嫩芽，并交尾产卵。6月上旬为幼虫入土盛期。

防治方法：

（1）在成虫发生初盛期和盛期，在树干周围撒敌百虫粉，然后将虫震落。

（2）可在树上喷洒敌敌畏和杀螟硫磷等农药防治。

6. 枣瘿蚊

不同品种的枣树受危害差异大，小枣类萌动早的品种危害轻，如金丝小枣在不同树龄、不同栽培条件下单株危害较轻，通常一株树上只有几片叶子受害。各种大枣危害都比较重。不同品种危害症状也不相同。一些品种枣柄与叶同时受影响变软而早期落叶，另一些落叶较迟。树龄1～2年生树受害较轻，3～6年生矮的枣头危害率100%。移植栽培小树受害重，半数以上枣股受害率100%，伤枝、断枝枣头受害率100%。枣园内部比边界发生早，以后渐趋相同。如5月初园内部株发生率100%，外围株发生率60%，5月中旬以后株发生率均达到100%。

防治方法：

（1）4月中下旬结合果园中耕除草，把枣瘿蚊蛹翻入深层阻止成虫羽化出土。5月下旬果园浇水可杀死大量第二代幼虫和蛹。

（2）在树干基部堆土。选择6月上旬幼虫出土化蛹盛期，在距离树干1米范围内，培起10～15厘米厚的土堆，拍打结实，防止羽化成虫出土。

（3）8月下旬以前在枣树下覆盖薄膜，阻止老熟幼虫入土做茧或化蛹越冬。翌年3月下旬以前，在枣树下覆盖薄膜，阻止越冬蛹羽化出土。这种做法可以大大减少虫源基数。

20　葡萄

20.1　适宜的气象条件

20.1.1　葡萄是喜温植物

初春气温 10 ℃开始萌发，温度越高，发芽越快。开花期以 25～30 ℃为宜，遇低温（15 ℃以下）、雨雾、旱风，则授粉受精不良，造成大量落花落果。7—9 月为浆果成熟期，如温度不足则浆果着色不良，含糖分降低，甚至不能充分成熟。当地是否能满足葡萄果实充分成熟的温度，通常以积温参考。如"世峰"的成熟积温（由开花期到成熟期日平均温度逐日累加的总和）是 2564 ℃·天，其开花期到成熟期为 102 天。

20.1.2　葡萄喜光性强

在光照充足的条件下，叶片厚而深绿，光合作用强，植株生长壮实，花芽着生多，浆果含糖量高而甜美，产量高。

20.1.3　湿度不宜过大

开花前降雨多，新梢生长过旺，消耗植株储藏养分；花期多雨，受精不良，造成落花；果实肥大期到成熟期多雨，光线不足，糖度低下，着色不良，品质低劣，且容易裂果。高温多雨潮湿也是葡萄病害增多的主要原因。

20.2　不利的气象条件及农业气象灾害

20.2.1　低温

葡萄在不同生育期对温度有不同的要求，在萌芽展叶期和新梢生长期出现强寒潮和低温，葡萄芽叶会受冻、使葡萄萌芽、生长受到影响。开花期温度低，则大多数品种授粉受精不良，落花落果严重；气温低，开花迟，花期也随之延长。浆果成熟期温度低，果实着色不良，葡萄浆果糖分积累困难，糖少酸多，香味不浓，品质降低。低温导致植株长势弱，葡萄病害容易发生和蔓延。

20.2.2 阴雨

阴雨天气下葡萄枝叶生长茂盛，葡萄叶片薄而黄绿，新梢徒长细弱，叶柄伸长，产生小果穗及造成果粒大小不均。葡萄开花期阴雨天气集中，对葡萄开花授粉影响很大，雨日多，光照少，湿度大又容易诱发葡萄病害，并导致葡萄烂萼。成熟采摘期出现连阴雨天气，葡萄受雨淋容易造成开裂腐烂，影响质量和产量。

阴雨天气造成空气湿度偏高，易滋生白腐病、炭疽病、霜霉病等病害。持续多雨，土壤过湿，不利于提高地温，导致葡萄树体抗性差。

20.2.3 连续高温

高温可使萌芽过快，不能保证花序继续良好分化，和地上部与地下部生长协调一致；严重的可造成花芽退化，促使新梢徒长，影响花序各器官的分化质量，进而影响以后的开花坐果，影响后期产量，气温高开花就早，花期也短，开花授粉时间相应较短，不利于坐果。授粉不均，后期果实容易出现大小粒现象，严重影响产量和品质，果实膨大期出现连续高温，导致葡萄出现脱水现象，诱发葡萄缩果病，产生黑斑病腐烂。

20.2.4 大风

容易吹折新梢，刮掉果穗，造成葡萄落果和葡萄大棚、葡萄架损坏。

20.2.5 暴雨洪涝

暴雨来得快，雨势猛，常伴有大风，容易造成落果。还易引起排水不畅而积水成涝，土壤孔隙被水充满，造成葡萄根系缺氧，使根系生理活动受到抑制，影响葡萄生长。

20.2.6 干旱

葡萄休眠期间，若枝干水分不足，则树体营养消耗多，造成树体营养不良，影响花芽进一步分化，减弱树势，并容易造成萌芽和开花期提前、开花不整齐、坐果率降低等不良后果。

20.2.7　冰雹

葡萄生育期内遇冰雹，可造成枝蔓或果实受损，影响产量和品质，还可通过降低温度和导致生理障碍而产生间接危害。

20.3　农事建议

20.3.1　1月物候期和农事

（1）物候期：休眠期。

（2）主要农事：

①冬季整枝修剪，1月为最佳修剪期。

②搞好冬季清园，剥除老翘树皮。

③整好避雨棚支架，修好排灌系统。

④如未施基肥的应抓紧于本月施好。

20.3.2　2月物候期和农事

（1）物候期：进入伤流期，葡萄树体内养分开始流动。

（2）主要农事：

1月尚未完成的农事抓紧完成，尤其是冬剪，必须在伤流期前完成。

20.3.3　3月物候期和农事

（1）物候期：进入绒球、萌发期，萌发期又是花芽补充分化开始期。

（2）主要农事：

①施好催芽肥。施肥时期为萌芽前1～2周，施肥量为每亩施尿素5～10千克或复合肥5～20千克，硼砂3～4千克，有条件的配施腐熟菜子饼50千克或畜肥1000千克。

②绒球期用好铲除剂。用3～5波美度石硫合剂2次，也可用成标。对树休、地面整体喷雾，结果母枝提倡涂刷。

20.3.4 4月物候期和农事

（1）物候期：新梢生长期，4月下旬开始开花。

（2）主要农事：

①盖膜。利用防老化膜把避雨棚盖好。

②抹芽、抹梢。按照各品种要求进行定梢。

③枝蔓管理。按品种特性对枝蔓定梢绑缚、见花时摘心。生长旺的品种在7～8叶期应喷激素控梢，除卷须。

④肥、水管理。花前根外追肥2次，用利宝多或高能素，每次应配施富利硼，开花前适当浇水，及时除草。

⑤防治病虫。在4月5日、15日、25日左右各用药一次。如花期突发灰霉病，于16时后喷农药，浓度适当降低。

20.3.5 5月物候期和农事

（1）物候期：花开坐果，果实膨大期，特早熟品种5月下旬进入硬核期，花芽分化盛期。

（2）主要农事：

①定穗、疏果。坐果后按品种特性定穗和疏果。

②对果实进行膨大处理。对无核品种果穗进行膨大处理，其他欧亚种品种不需进行膨大处理。

③枝蔓管理。顶端副梢摘心，其余副梢分批留1～3叶摘心，及时摘除卷须。

④肥水管理。施好果实膨大肥，生理落果期开始施用，结合施肥及时浇水。根外追肥进行2～3次。从此时期开始，应追用水溶性且速溶性肥料劲大多。

⑤病虫防治。在5月8日、18日、28日左右用药，主要防治黑痘病、白粉病、白腐病和霜霉病，防治透翅蛾等，给果穗及时套袋。

20.3.6 6月物候期和农事

（1）物候期：早熟品种着色，下旬采收；中熟品种进入硬核期，并且开始着色。

（2）主要农事：

①检查棚膜避雨情况，如果发现膜破要及时补好。

②枝蔓管理。顶端副梢每 4～5 叶进行第三次摘心，其余副梢留 1 叶摘心。以后发出的副梢任其下垂。

③肥水管理。中熟品种可酌施着色肥，从此时期开始用靓果肥，每隔 10 天 1 次，同时进行根外追施含钙、钾、硼、锌、钼等微量元素肥，还应大力加用生物菌肥，如比斯美、活菌生根诱导素。雨后注意排水，除去葡萄园杂草。

④防裂果。易裂果的品种进入裂果期，保持土壤湿润是防止裂果的较好方法，采后不能揭膜。

⑤病、虫、鸟防治。在 6 月 5 日、15 日、25 日左右各喷药 1 次，果穗未套袋的要防鸟害，经常检查白腐病、霜霉病、穗轴褐枯病，也要注意天蛾、金龟子、小菜蛾等虫害，及时防治。

⑥特早熟品种及时采收。

20.3.7　7 月物候期和农事

(1) 物候期：早、中熟品种着色期，陆续成熟；晚熟品种进入硬核期，也开始着色，特别是红地球品种着色比较早。

(2) 主要农事：

①早、中熟品种采收后，视当地雨量分布情况来决定揭膜时间，如病害发生重，可推迟揭膜时间。

②枝蔓管理。顶端副梢视品种特性，可任其下垂或控制，晚熟品种硬核期摘除基部 3 叶。

③肥水管理。早、中熟品种果实采收后，根据品种特性和树势，施好采果肥，以靓果肥、硫酸钾肥为重点施用，生长弱的树要及时施，生长旺的树少施。晚熟品种也要施好靓果肥着色，特别是红地球品种一定要施，挂果多的每 10 天冲施 1 次。同时冲施硫酸钾肥。遇干旱要浇水。叶面多次喷施优钙镁、一喷就红、磷酸二氢钾。

④病虫防治。在 7 月 8 日、18 日、28 日左右主要防治白腐病等病害，同时注意防治夜蛾类虫害。

20.3.8　8、9 月物候期和农事

(1) 物候期：早、中熟品种枝蔓进入第 3 次生长高峰期；晚熟品种浆果

膨大，开始进入成熟期，开始采收。

（2）主要农事：

①枝蔓管理。枝蔓下垂过长不剪除幼嫩部分，长势旺的可采用激素控梢。

②肥水管理。中晚熟品种边采果边酌施采果肥，以硫酸钾肥为重点，进行1～2次根外追肥，主要用一喷红、磷酸二氢钾、优钙美等，促进袋内着色。土壤表土发白时要灌水。每园果采完后及时重埋还阳肥。

③病虫防治。做好霜霉病和烂果病害防治工作，同时要严防吸果夜蛾。特别是雨后夜蛾发生严重。

④采前7天破袋见光，促进果实上色一致，果穗外形美观。

20.3.9　10月物候期和农事

（1）物候期：枝蔓成熟，枝条生长缓慢，开始进入落叶期。

（2）主要农事：

①开始施基肥，开沟施有机肥。

②喷施波尔多液2～3次杀菌保叶。

③清扫落叶、病果等。

20.3.10　10、11月物候期和农事

（1）物候期：大量落叶，进入休眠期。

（2）主要农事：

①继续施基肥，全园深翻。

②秋冬季清园。落叶、残果及时清除。

20.4　病虫害及防治

20.4.1　葡萄主要病害及防治

（1）葡萄霜霉病。以危害叶片为主，病部表面均匀长出灰白色与霜一样的霉层为主要特征。多雨、多雾、多露天气最易发病。防治方法：雨季防治，从7月份起喷200倍波尔多液2～3次。

（2）葡萄炭疽病。危害果实为主，一般在7月中旬果实含糖量上升至果实成熟是病害发生和流行盛期。防治方法：及时剪除病枝，消灭病源；6月中

旬以后每隔半月喷一次 600～800 倍退菌特液。

（3）葡萄白粉病。危害葡萄所有绿色部分，如果实、叶片、新梢等，发病部位表面形成灰白色粉层。高温闷热天气容易发病，管理粗放、架面郁闭亦能促进病毒发展。防治方法：加强管理，保持架面通风透光；烧毁剪下的病枝和病叶；萌芽前喷 5 度石硫合剂，5 月中旬喷一次 0.2～0.3 度石硫合剂。

（4）葡萄水罐子病。又名葡萄水红粒，是一种生理病害，由结果过多，营养不足所致。此病常在果穗尖端部发生，感病较轻时病果含糖量低，酸度高，果肉组织变软；严重时果色变淡，甜、香味全无，果肉呈水状，继如皱缩。防治方法：通过适当留枝、疏穗或掐穗尖调节结果量；加强施肥，增加树体营养，适当施钾肥，可减少本病发生。

20.4.2 主要虫害及防治

（1）葡萄二星叶蝉，又名葡萄二点浮尘子，头顶上有两个明显的圆形黑斑、成虫体长 3.5 毫米，全身淡黄白色，幼虫体长约 2 毫米。整个葡萄生长期均能被危害，被害叶片出现许多小白点，严重时叶色苍白，致使叶片早落。喷 50％敌敌畏或 90％美曲膦酯或 40％乐果 800～1000 倍液有效。

（2）葡萄红蜘蛛。防治方法：冬季剥去枝喷上老皮烧毁，以消灭越冬成虫；喷石硫合剂，萌芽时 3 度，生长季节喷 0.2～0.3 度即可。

（3）坚蚧，又名坚介壳虫，可喷 50％敌敌畏 1000 倍液防治。波尔多液、石硫合剂是葡萄防治病虫害常用药物，两者不能混合使用，喷石硫合剂后须间隔 10～15 天再喷波尔多液，而喷波尔多液后再喷石硫合剂，其中须间隔30 天。

21 核桃

21.1 适宜的气象条件

核桃树是喜温、耐寒、耐旱、喜直射光的经济树种，对环境条件要求较宽。在适宜的生态环境条件下，核桃树可获得优质高产。影响核桃树的气候要素有温度、降水、日照和海拔高度等。

21.1.1 温度

北方核桃种群属于喜温树种，适宜在温暖的气候条件下栽培，年平均温度在 8~16 ℃的地区均可以栽种，最低限温度为−25 ℃，最高限温度为 38 ℃，优生区的年平均温度 9~13 ℃，无霜期 150 天以下。当温度低于 3~4 ℃时营养生长停止，12 ℃以下生长比较缓慢，13~18 ℃开始展叶并生长加快，23~26 ℃生长最为旺盛。要求极端最低气温不低于−30 ℃，一般在−20 ℃时幼树和新枝受冻，成年树虽能耐−30 ℃低温，但在−25~−20 ℃时树冠以上新枝受冻，甚至有冻死现象。极端最高气温在 34~40 ℃时为宜，40 ℃以上高温天气对其生长不利。而春季开花坐果期，遇有低温连阴雨天气或倒春寒出现时影响最大。开花期气温在 15~18 ℃有利授粉。果实成熟期要求气温在 19 ℃以上。

21.1.2 光照

核桃属喜光树种，年生长期内年日照时数要求达 2000 小时以上，生长期（4—9 月）的日照时数在 1500 小时以上，若低于 1000 小时，核壳、核仁均发育不良。日照时数与强度对核桃生长、花芽分化及开花结实均有重要影响。光照充足不仅能保障北方核桃的正常生长结果，而且能显著降低北方核桃病虫害的发生、发展，对核桃商品率的高低也会产生重要影响。

21.1.3 降水和湿度条件

核桃树生长适宜年降雨量为 500~900 毫米，年平均相对湿度 40%~

80%。开花期间相对湿度小于60%有利授粉。冬春季节降水少，光照充足，利于花芽分化和坐果。不同树龄不同发育期核桃树对降水要求不同，幼龄树和适龄树由于树体营养生长旺盛，需要较充足的水分。

　　核桃虽耐干燥的空气，但对土壤水分状况却比较敏感，是喜水又不耐水淹的果树，土壤过旱或过湿均不利于核桃的生长与结实。其生长发育需要大量的水分，尤其在果实发育期要有充足的水分供应，幼苗期水分不足，生长几乎停止。结果期遇干旱，树势生长弱，叶片小，果子小。核桃在排水不良、土壤长期积水的情况下，特别是受到污染时，就会缺氧，造成根系腐烂，甚至整株根系窒息死亡。秋季雨水频繁，常引起外果皮早裂，核壳内种皮变棕褐色、发霉，影响核桃品质。

21.1.4　海拔高度

　　从核桃树生长的适生习性来看，一般在海拔高度900～1500米范围内种植为宜，普遍生长健壮，树冠近于树高，产量为700～1105千克/公顷。在海拔高度1600米以上则因有效积温减少，核桃树表现出花期推迟，生长发育不足，果实不能正常成熟，种仁欠饱满，产量为350～600千克/公顷，失去栽培的经济价值。

21.2　不利的气象条件及农业气象灾害

21.2.1　干旱

　　气候干旱可使核桃大量落果，甚至枯梢。如果年降水不足400毫米，将对产量造成影响。如果连续几年降水不足300毫米，不仅大幅减产，而且翌年出现枯梢死亡现象。防御措施：①核桃树要深翻扩穴，疏松土壤，以利保墒。②春旱延续到6月时，就要及时进行灌水。③有条件的旱地核桃树，可使用"保水剂"，提高土壤含水量。④气象部门在主产区实施人工增雨作业。

21.2.2　霜冻

　　春季展叶期（4月上旬—4月中旬）如遇-4～-2℃的低温，则新梢受冻，花期（4月下旬—5月中旬）如遇-2～-1℃的低温，则受冻减产，甚至绝收。防御措施：果农在核桃展叶期和花期要关注气象部门发布的天气预报，当预报有霜冻时应提前在核桃树下放烟雾，以防止冷空气入侵。推广建立浅山核桃园，这样可以利用山区气象逆温层资源，同时集中浇水，有效躲避和减轻低温冻害和干旱危害。

如受灾也可采取以下办法补救：①枝干上可喷施磷酸二氢，浓度为 0.4%～0.5%，这样可及时向树体皮层提供易于吸收的无机盐，让受害树体尽快复壮。②枝条上喷施植物用氨基酸，浓度为 0.8%～1.0%，利用树体皮层向树体内提供营养，在枝条顶端受冻的情况下，使树木强生健体，及早让树芽、腋芽尽快萌发，增加侧芽、腋芽结果量。

21.2.3 涝灾

秋季雨水频繁，如核桃树下排水不良，土壤长期积水核桃树就会缺氧，造成根系腐烂，甚至整株根系窒息死亡。防御措施：①核桃树要定植于 10 ℃以下的缓坡地表。②沟地的老树在雨季发现积水，要及时人工排水。

21.3 农事建议

核桃物候期及管理措施见表 21-1。

表 21-1 农事建议

时间	物候期	管理要点
1—2 月	休眠期	1. 刮老树皮，刮腐烂病 2. 摘除虫卵、虫囊
3—4 月	萌芽开花期	1. 修剪：常用自然开心形和疏散分层形。对结果大树重点培养结果枝组，盛果期以疏除病虫枝、过密枝、重叠枝、下垂枝为主 2. 喷 5 度石硫合剂防病虫害 3. 合理浇水追肥（以复合肥为主）。坡地、旱地宜推广"穴施肥水覆墒"增肥技术 4. 去雄花、人工授粉、疏果、提高坐果率
5—6 月	果实膨大期	1. 中耕除草、施肥 2. 改接换优，接后除萌，绑支架 3. 防治病虫害 4. 6 月上旬追复合肥
7—8 月	花芽分化及硬核期	1. 7 月果实硬核期追施复合肥，叶面喷磷酸二氢钾，保证坚果充实饱满 2. 防治病虫害，黑斑病、炭疽病、举肢蛾

续表

时间	物候期	管理要点
9—10 月	果实成熟采收期	1. 适期采取（白露前后），采后脱皮、晾晒 2. 采收后树下施基肥（农家肥、有机肥、复合肥），结合深翻改土 3. 采收后修剪，去大枝干枯病虫枝
11—12 月	落叶休眠期	1. 清园，清扫落叶、落果，结合深翻施肥销毁 2. 灌封冻水，利于果树越冬 3. 幼树越冬前涂白，培土防寒 4. 冬剪，去除病虫枝、干枯枝

21.4　病虫害及防治

核桃病虫害防治应贯彻"预防为主，综合防治"的植物保护方针。提倡使用生物源农药、植物源农药、矿物源农药，有限度地使用低毒化学合成农药，禁止使用剧毒、高毒、高残留农药。

21.4.1　各物候期核桃病虫害综合防治

1. 休眠期（1—2 月）

（1）刮除老树皮，清除树皮中的越冬病虫，并兼治腐烂病。

（2）喷 5 波美度的石硫合剂，防止核桃黑斑病、核桃炭疽病等多种病虫。

（3）在树干基部，刮平树干后，涂 6～10 厘米宽黏胶环阻杀草履介壳虫若虫。于根茎及表土喷 6%柴油乳剂或喷 50%辛硫磷 200 倍液杀死土壤中越冬若虫。

（4）敲击树干，砸皮缝中的刺蛾茧、舞毒蛾卵块。清除石块下越冬的刺蛾、核桃瘤蛾、缀叶螟肾茧及土缝中的舞毒蛾卵块。

2. 萌芽期（3—4 月）

（1）树上挂半干枯核桃枝诱集黄须球小蠹成虫产卵，在 6 月中旬或成虫羽化前全部烧毁。

（2）喷波美度 3～5 的石硫合剂防治草履介壳虫、核桃黑斑病、核桃炭疽病、核桃腐烂病等。用 50%甲基托布津、50%多菌灵 50～100 倍液涂刷树干预防腐烂病感染。

3. 果实膨大期（5—6 月）

（1）核桃举肢蛾。树盘覆土阻止成虫羽化出土。喷 50％辛硫磷 800 倍液、2.5％敌杀死乳油 1500～2500 倍液每半月左右喷药 1 次，连喷 3～4 次或地面撒 3％辛硫磷颗粒。

（2）桃蛀螟。黑光灯、糖醋液诱杀成虫。用 25％氰马乳油 1000 倍液杀成虫、卵、幼虫。

（3）木橑尺蠖。晚上用灯光或堆火诱杀成虫。

（4）芳香木蠹蛾。用 50％敌敌畏 20～50 倍液注入虫道内，并用泥土封口杀幼虫或用毒签塞入虫道封杀幼虫。

（5）核桃横沟象。人工捕杀成虫和刨开根颈部的土，用浓石灰浆涂封根际防止产卵。

（6）核桃小吉丁虫、黄须球小蠹。喷敌杀死 2000 倍液杀死成虫，诱饵枝烧毁。

（7）核桃溃疡病、枝腐病、核桃褐斑病。树干涂白。喷 100 倍石灰倍量式波尔多液或 70％甲基托布津 800 倍液。

4. 种仁充实期（7 月）

（1）核桃举肢蛾、桃蛀螟幼虫。捡拾落果、采摘虫害果，集中深埋。

（2）核桃瘤蛾。树干上绑草诱杀。

（3）云斑天牛、芳香木蠹蛾、桃蛀螟成虫。人工捕杀、灯光诱杀。

（4）核桃横沟象、举肢蛾成虫。喷 25％功夫菊酯、25％氰马乳油 1000 倍液。

（5）芳香木蠹蛾幼虫。撬开被害部树皮捕杀。根颈部喷 50％辛硫磷乳剂 400 倍液。

（6）刺蛾、核桃瘤蛾、木橑尺蠖幼虫、核桃小吉丁虫、黄须球虫成虫。喷 2.5％敌杀死乳油 1500～2500 倍液或 50％氰马乳剂 800～1000 倍液，10％氯氰菊酯乳剂 3000～4000 倍液喷雾。

（7）核桃褐斑病。喷 1∶2∶200 石灰倍量式波尔多液或 70％甲基托布津 800 倍液。

5. 成熟前期（8 月）

（1）木橑尺蠖幼虫。喷 2.5％敌杀死乳油 1500～2000 倍液、25％氰马乳剂 800 倍液。

（2）核桃瘤蛾二代、缀叶螟、刺蛾。喷 50％敌敌畏 800 倍液或 2.5％敌杀死乳油 1500～2000 倍液、25％氰马乳剂 800 倍液。

（3）芳香木蠹蛾幼虫。用 40％乐果 20～50 倍液注、喷入虫道内并用泥土封严。

（4）桃蛀螟。糖醋液诱杀成虫。

（5）桃横沟象成虫。人工捕杀和喷 25％氰马乳剂 800 倍液。

（6）核桃褐斑病。喷 70％甲基托布津 800 倍液。

6. 采收前、落叶前期（9 月）

剪除枯枝或叶片枯黄枝或落叶枝。采果后结合修剪剪除枯死枝、病虫枝，防治核桃小吉丁虫幼虫、黄须球小蠹成虫、核桃黑斑病、炭疽病、枝枯病、褐斑病等，剪除的病枝要集中烧毁。

7. 落叶期（10 月）

核桃腐烂病、枝枯病、溃疡病。刮除病斑，刮口涂抹 70％甲基托布津或 3 波美度石硫合剂或 1％硫酸铜液或 10％碱水消毒伤口。树干涂白防冻。防治核桃腐烂病、枝枯病、溃疡病，刮皮范围应超出病组织 1 厘米左右，刮口光滑严整。刮除病皮要集中烧毁。

8. 休眠期（11—12 月）

（1）清园（铲除杂草、清扫落叶，落果并销毁），树盘翻耕，刮除粗老树皮，清理树皮缝隙。

（2）人工挖除越冬态的幼虫、蛹、卵。

（3）刨开根茎周围的土，用敌敌畏 5 倍液喷根颈部后封土。铲除的杂草、落叶等集中烧毁。

21.4.2　主要病害及防治

1. 核桃溃疡病

（1）栽植抗病品种。新疆核桃品种较抗此病。

（2）加强树体管理。结合深翻改土，多施有机肥，间作绿肥作物；尤其要加强土壤水分管理，除注意及时灌水外，可利用高吸水性树脂施于田间植株周围，能明显提高土壤保水性，以减少发病率。

（3）冬季清园。清除园内病叶、枯枝，带出园外烧毁，减少越冬病原。

（4）树干涂白。冬夏对树干涂白，防止日灼和冻害。涂白剂为：生石灰 5 千克、食盐 2 千克、油 0.1 千克、豆面 0.1 千克、水 20 千克。

（5）刮治病斑。用刀刮除病部达木质部或将病斑纵横划几道口子，然后涂刷 3 波美度石硫合剂或 1％硫酸铜液或 10％碱水或 1∶3∶15 的波尔多液，均有一定的防治效果。

2. 核桃白粉病

（1）清园。清除病落叶，减少初次侵染来源。

（2）加强管理。注意氮肥、磷肥、钾肥的施用比例，防止枝条徒长，增强树体抗病能力。

（3）药物防治。在发病初期 7—8 月喷波美度为 0.2～0.3 的石硫合剂或 2％农抗 120 水剂 200 倍液、25％粉锈宁 500～800 倍液。

3. 核桃炭疽病

（1）强壮树体，加强综合管理，保持树体健壮，增强抗性。

（2）清理果园。6—7 月，及时摘除病果。采果后，结合修剪及时清除病果、病叶和病枝，集中烧毁，消灭越冬病原。

（3）提前预防。发芽前，喷 3～5 波美度石硫合剂。发病前的 6 月中下旬—7 月上中旬间，喷 1∶1∶200（硫酸铜∶石灰∶水）的波尔多液，或 50％退菌特可湿性粉剂 600～800 倍液 2～3 次。

（4）发病期。发病期喷 50％多菌灵可湿性粉剂 100 倍液，2％农抗 120 水剂 200 倍液，75％百菌清 600 倍液或 50％托布津 800～1000 倍液，每半月一次，喷 2～3 次，如能加黏着剂（0.03％皮胶等）效果会更好。

21.4.3 主要虫害及防治

1. 核桃小吉丁虫

（1）消灭虫源。秋季采收后，剪除全部受害枝，集中烧毁，以消灭越冬虫源。注意多剪一段健康枝以防幼虫被遗漏。

（2）诱杀虫卵。成虫羽化产卵期，及时设立一些饵木，诱集成虫产卵，再及时烧掉。

（3）化学防治。从 5 月下旬开始，每隔 15 天用 90％晶体美曲膦酯 600 倍液或 48％乐斯本乳油 800～1000 倍液喷洒主干。在成虫发生期，结合防治举肢蛾等害虫，在树上喷洒 80％敌敌畏乳油或 90％晶体美曲膦酯 800～1000 倍液，来阻止成虫出洞。

2. 草履蚧

（1）涂黏虫胶带。在草履蚧若虫未上树前于 3 月初在树干基部刮除老皮，涂宽约 15 厘米的黏虫胶带，黏胶一般配法为废机油和石油沥青各 1 份，加热溶化后搅匀即成，或废机油、柴油或蓖麻油 2 份，加热后放入 1 份松香油熬制而成。如在胶带上再包一层塑料布，下端呈喇叭状，防治效果更好。

（2）根部土壤喷药。若虫上树前，用 6％的柴油乳剂喷洒根颈部周围土壤。

（3）耕翻土壤。采果至土壤结冻前或翌年早春进行树下耕翻，可将草履蚧消灭在出土之前，耕翻深度约 15 厘米，范围要稍大于树冠投影面积。结合耕翻可在树冠下地面上撒施 5％辛硫磷粉剂，每亩用 2 千克，施后翻耙使药土混合均匀。

（4）药物防治。若虫上树初期，在核桃发芽前喷 3～5 波美度石硫合剂，发芽后喷 80％敌敌畏乳油 1000 倍液，或 48％乐斯本乳油 1000 倍液。

3. 核桃云斑天牛

（1）人工捕杀。5—6 月是成虫发生期，白天经常观察树叶、嫩枝，发现有小嫩枝被咬破且呈新鲜状时，利用成虫假死性进行人工振落或直接捕捉杀死。晚上利用成虫趋光性，用黑光灯引诱捕杀。成虫产卵后，经常检查，发现有产卵破口刻槽，用锤敲击，可消灭虫卵和初孵幼虫。当幼虫蛀入树干后，可以虫粪为标志，用尖端弯成小钩的细铁丝，从虫孔插入，钩杀幼虫。

（2）杀卵。该虫在树干上产卵部位较低，产卵痕明显，用锤敲击可杀死卵和小幼虫。

（3）化学防治。清除虫孔粪屑，注入 50％敌敌畏乳油 100 倍液，用湿泥封口，以杀死树干内的幼虫，或用棉球蘸 50％杀螟松乳剂 40 倍液，塞入虫孔，熏杀幼虫或用毒签堵塞虫孔。

4. 铜绿金龟子

（1）人工防治。于 6 月成虫大量发生期，傍晚利用成虫假死性，进行敲树振虫，树下用塑料布接虫，集中将其消灭。

（2）物理诱杀。利用成虫的趋光性，6—7 月用黑光灯进行诱杀成虫。

（3）化学防治。成虫大量发生的年份，6—7 月是成虫危害的高峰期，可用 50％的马拉硫磷乳油，或 50％辛硫磷乳油 800～1000 倍液在树冠上喷雾进行防治。

（4）防治蛴螬。用 50％辛硫磷乳油 100 克拌种 50 千克，或拌 1 千克炉渣后，将制成的 5％毒砂撒入土内。

22 花椒

22.1 花椒生长发育与气象条件

22.1.1 芽开放—展叶期

花椒芽开放期在 3 月下旬—4 月上旬，旬平均气温 10～12 ℃，到盛期约 15 天左右，萌芽初叶的早晚易受早春气温变化的影响，气温高有利于萌芽，物候期提前，如遇低温天气常可推迟发芽期。

1. 适宜的气象条件

（1）日平均气温≥6 ℃树液开始流动，稳定在 6 ℃芽开始萌动，日平均气温达到 10 ℃时叶展开。

（2）第一个萌芽到全部萌发需要 15 天左右，≥0 ℃积温 110～120 ℃·天。

（3）花椒根系分布较浅，一般在 10～30 厘米，适宜土壤相对湿度为 50%～80%。在适宜的土壤水分下，花椒物候期整齐，抗冻能力强。

2. 不利的气象条件

（1）3 月上、中旬日平均气温高于 10 ℃对花椒不利，芽开放期提早，遇降温天气极易受冻害。

（2）芽生长期出现 0 ℃以下低温或气温连续 3 天以上低于 3 ℃，芽将受害。

（3）土壤相对湿度小于 50%，使土壤提温快，物候期偏早，不利于防御霜冻害。

3. 管理措施

（1）花椒萌芽后可采取轻剪、抹芽等修剪技术，增强树势，还可以采用撑、拽、拉等方法张开主侧枝角度，增强通风透光性。

（2）可选用以氮肥为土的化肥，每颗盛果树施约 500 克，距离树根 50 厘米左右。

（3）可适当灌溉，既可补充土壤水分，也可降低低温，推迟萌芽，有利于防霜冻害，但应注意不要深灌，20厘米深渗透即可，在土壤干旱的年份比较适用。

（4）及时收听天气预报，当大风、降温天气出现时采用熏烟法、灌溉法等防霜冻措施。

22.1.2　开花—果实膨大期

当萌芽率达80％后与4月上旬花蕾出现，蕾期持续8～14天进入开花期，4月中旬—下旬进入开花盛期，花期长短受气候影响较大。在气温高、光照强、干旱的情况下，花期短；气温低、阴雨天气多，花期延长。从初花期发到末花期共14～18天。5—6月上旬是椒果显著膨大期，对营养、水分要求高，干旱、高温少雨对果实膨大不利，同时也可导致生理落果。

1. 适宜的气象条件

（1）开花期适宜温度为15～18℃，果实膨大为18～20℃。

（2）4—5月累计降水量在80～150毫米，有利于果实膨大。

（3）土壤水分占田间持水量的60％～80％，有利于养分输送、吸收。

2. 不利的气象条件

（1）初春气温骤降，且持续时间较长，最低气温低于3℃，或日平均气温降幅大于6℃花芽受害。

（2）大风降温、"倒春寒"、晚霜冻天气是花椒减产的重要原因，可导致生理落果。

（3）土壤相对湿度在40％以下时，花椒受旱，影响授粉，坐果率低，自然落果量大，果实瘦小，严重影响产量。

3. 管理措施

（1）及时收听天气预报，当大风、降温天气出现时采用熏烟法、灌溉法等防霜冻措施。

（2）剪除徒长枝，减少水肥消耗。

（3）雨后及时深翻，以提墒保墒，增加土壤从深处吸收水分、养分的能力。适时灌溉，宜采用喷灌和滴灌，切忌大水漫灌。

（4）清除烧毁枯死、濒死椒树。采用锤击法和刮皮法杀死窄吉丁幼虫，树干涂药抹泥，阻止成虫羽化。树冠喷药杀死成虫。

（5）适当追施坐果肥，根施或叶面施均可，配合一定的微肥及防落素等，提高坐果率。

（6）及时防治病虫害，从 5 月上旬开始，可每旬一次，多种药剂应交替使用，不能连续使用一种药剂。采摘前一个月应停止喷药。

22.1.3　着色—成熟期

花椒属喜光树种，年日照时数应在 1800～2000 小时，特别是 7、8 月花椒着色—成熟期是影响产量和品质的关键期，充足的光照能促进果皮增厚，产量增加着色良好，品质提高。

这一时期是花椒品质形成的关键时期。持续时间约 2 个月左右。6 月下旬花椒开始着色，7—8 月上旬果实缓慢增重，8 月中旬进入成熟盛期。

1. 适宜的气象条件

（1）果实发育最适温度为 20～25 ℃。在 25 ℃时，花椒色泽好，品质高。在平均气温 15～16 ℃条件下，灌浆期延长、粒重增加。

（2）7、8 月降水量达到 100～120 毫米比较适宜，水分条件良好，果皮会继续增加。

（3）日照充分有利于着色、采摘和晾晒。旬日照百分率在 50％。

2. 不利的气象条件

（1）气温≥35 ℃高温天气不利于物质积累，造成果皮薄，颜色发白，持续一周以上的高温天气常常引起干旱，花椒根系较浅，难以忍耐严重干旱，造成椒叶萎蔫，严重的可使果实脱落。

（2）阴雨天气会延迟成熟期，特别不利于采摘晾晒，使商品率下降。

（3）在花椒成熟采摘期易出现连阴雨天气，日降水量≥5 毫米连续 3 天以上影响采摘。空气相对湿度较大，土壤积水过多容易引起花椒锈病发生，造成落果。

3. 管理措施

（1）土壤 10～30 厘米相对湿度小于 40％时要及时浅灌，表面不能有积水，做好选择滴灌，在气温≥35 ℃的高温天气里可早晚对叶面进行喷水。

（2）6 月底以前中耕除草，该时期椒树生长最旺盛，同时为杂草繁殖最严重时期。在干旱后灌溉或雨后均应及时中耕，有利于保墒。

（3）及时采摘，要选择晴好天气，避免阴雨天或有露水时采收，及时晾晒。

22.2 主要农业气象灾害

22.2.1 霜冻害

花椒霜冻害对生产影响主要有两个时段，即越冬期和春季萌芽开花期。花椒受冻程度与低温、地形、树龄有关。越冬期冻害主要由极端气候事件引发的低温冻害和暖冬树体抗寒锻炼不够引起的低温冻害。另外，受暖冬气候影响，致使花椒树处于浅休眠状态，越冬期缩短，抗寒锻炼不足，抗冻能力较弱，遇较强寒潮降温天气，也可出现明显霜冻害。花椒树春季霜冻害主要发生在萌芽开花期，花椒属于混合芽，花芽、叶芽同时出现，开花后树体抗御低温能力显著降低，开花期遇到低温冻害会使花芽、幼叶同时受冻，造成花芽、幼叶萎蔫，变青褐色，甚至干枯死亡，严重影响花椒产量和品质。

1. 冬季冻害发生条件及危害

花椒越冬期可以忍受一定强度的低温。年极端最低气温不低于$-20 \sim -18\ ℃$能保证花椒树正常越冬。年极端气温为$-17.9\ ℃$（海拔高度 710 米），未达到冻害指标，但在海拔高度 $800 \sim 1200$ 米的花椒主要种植的深山区，极端最低气温可达$-21.1 \sim -18.7\ ℃$，如果伴随一定的风力，发生越冬冻害的风险仍较大，造成花椒树死亡。花椒冻害的指标：越冬期出现持续低温，日最低气温低于$-12.0\ ℃$，持续 3 天以上，即可对花椒造成冻害。

2. 春季霜冻害发生的条件及危害

春季气温回升早可使花椒发育期提前，抗旱能力下降，春季出现大幅度降温天气时极易发生霜冻害。

有霜冻害年份特征：前期气温明显偏高，3 月下旬有冷空气侵入，出现了大风降温天气，日最低气温降到 $0\ ℃$ 左右，并出现终霜甚至结冰。芽生长期出现 $0\ ℃$ 以下或气温连续 3 天以上低于 $3\ ℃$，芽将受害。开花期最低气温低于 $3\ ℃$，或日平均气温降幅大于 $6\ ℃$ 花受害。

3. 防御措施

（1）选择抗冻性强的品种，避免在霜冻容易发生的阴坡、谷洼地栽种。在气温偏低、冷空气易堆积地可选用较耐寒的品种，如枸椒、小红袍等。

（2）加强椒园管理，结合病虫害防治、防冻害。用石灰 15 份、食盐 2

份、豆粉 3 份、硫黄粉 1 份、水 36 份，充分搅拌均匀，涂抹于树干和树枝上，既可防冻也可以杀虫灭菌。

（3）辐射型霜冻可根据天气预报和气温变化，在花椒园上风方堆柴草熏烟，提高温度。

（4）灌溉能使椒林的空气湿度增加，减缓空气冷却，同时利用灌溉可推迟开花期，避免冻害。

（5）平流辐射型霜冻由于影响范围广，强度大，宜采用喷雾法。可用 0.5％蔗糖水，或 0.3％～0.6％磷酸二氢钾水溶液等，在冻害发生前 1～2 天施喷，增加果树的抗寒力，效果较好。

22.2.2　干旱

花椒是比较耐旱的灌木，水分需求量并不大，年降水量 500～700 毫米都可正常生长。须根主要分布在 10～40 厘米的土壤浅层，水平根系比较发达。对土壤表层水分吸收能力较强，受降水影响较大。尤其是需水关键期降水量对产量、品质影响显著。

1. 发生时期及危害指标

花椒虽然比较耐旱，但是在果实膨大及着色期都需要一定的土壤水分，否则会造成果实小而薄，坐果率低，最终导致产量下降。

干旱多发生在 4—5 月花椒果实膨大期以及 7 月着色期，7 月干旱常常伴随着≥35 ℃高温天气，空气相对湿度低于 30％。

对于黏壤土而言，土壤重量含水量低于 10.4％时叶片出现轻度萎蔫，低于 8.5％时出现重度萎蔫，降至 6.4％以下时会导致植株死亡。干旱程度取决于持续时间。

2. 防御措施

（1）适时灌溉。根据灌溉指标（果实膨大期土壤相对湿度是否低于 50％）进行灌溉决策。常采用的节水灌溉方式有：喷灌、滴灌。

（2）降水后及时中耕提墒保墒，增强土壤蓄水能力，也可覆草减少水分蒸发。

（3）增肥土壤，以肥调水。增施有机肥，改善土壤团粒结构，提高土壤保水性能。增施磷肥，达到以磷促水，以根调水的目的。

（4）给树体连续喷浓度为 0.01％的阿司匹林溶液或其他抗旱剂。

22.2.3 连阴雨

1. 发生时期及危害

花椒是比较耐旱的树种，土壤过多的积水会影响根系的透气性，严重时可使椒树死亡，还会引起病害增多，尤其是对采摘晾晒造成严重影响，降低花椒产量和品质。连阴雨多出现在成熟采摘的 8 月—9 月上、中旬，以 8 月降水≥150 毫米，日降水量≥5 毫米连续 5 天为连阴雨指标。

2. 防御措施

（1）椒园要选在土层深厚、排水性能良好的田块，多数在塬区、浅山、坡地或崖畔。

（2）遇有连阴雨时要及时排除积水，做好中耕排湿工作。

（3）采摘后遇到连阴雨可通过花椒烘干机烘干。

22.3 病虫害及防治

22.3.1 锈病

1. 发生条件及危害

花椒锈病可造成提早落叶，从而再次萌发新叶，养分过度消耗，影响椒树营养积累及来年结果量。

盛发期：8 月上旬—9 月上旬为普发期，9 月下旬—10 月上旬发展到高峰期，病叶大量脱落。

气象条件的影响：锈病流行与降水量密切相关，是否流行取决于 6—8 月降水量，流行程度与 7—8 月降水量成正比。其中 7 月影响最大，凡 7 月降水量大于 120 毫米且 8、9 月降水大于 50 毫米，则花椒锈病必定大流行。病害发生的适宜温度 13～25 ℃，气温高于 25 ℃时很少发生或不发生，旬平均气温 20 ℃左右降水量多且雨日长，空气相对湿度大于 80％以上最适宜发生锈病。可根据 6、7 月降水多少和气温确定锈病发生迟早，7、8 月雨量预测其流行程度，从而及时采取措施开展防治。

2. 防治措施

（1）在尚未发病时可喷波尔多液（生石灰∶硫酸铜∶水比例为 1∶1∶

100），或对椒树用 0.5％敌锈钠、500 倍的粉锈片进行喷雾保护，每隔 2～3 周喷一次。

（2）对已发病的椒树可喷 15％的粉锈宁可湿粉 1000 倍液，每 2～3 周喷一次，7 月下旬—8 月下旬效果最佳。

22.3.2　干腐病（流胶病）

1. 发生条件及危害

花椒干腐病是伴随花椒窄吉丁虫而发生的一种严重的枝干病害，一般椒园发病率在 20％以上，最高达 100％，该病能引起树干基部韧皮部坏死腐烂，严重影响营养运输，导致叶片发黄，乃至整个树条或树冠枯死，使椒园毁于一旦。

盛发期：7 上旬—8 月上旬。

气象条件的影响：5 月初当气温升高时，气温偏高，始发期就偏早，15～20 ℃为最适温度，10 ℃以下最缓慢，25 ℃以上病情发展受到抑制。

病菌主要借雨水传播，自然条件下，凡是被窄吉丁危害的椒树大都有干腐病发生，干旱少雨不利于病害发生，雨日多有利于病菌传播，随相对湿度增加病害会逐渐加重，空气湿度有利于病菌孢子的侵入。

2. 防治措施

（1）重视病害防疫检查，加强栽培管理，增施有机肥，搞好防虫工作，减少病菌侵入机会。

（2）用 40％增效氧化乐果 5 倍液兑 1：1 柴油和 50％乙基托布津 500 倍液先后喷树干。

（3）每年 4—5 月以及采摘后用 80％抗菌素 1000 倍液喷树干 2～3 次。

22.3.3　花椒窄吉丁

1. 发生条件及危害

花椒窄吉丁又名花椒小吉丁，是危害花椒的主要害虫之一，该虫主要以幼虫取食花椒树韧皮部，以后逐渐蛀食形成层，向木质部蛀化蛹坑道，使树皮干枯、龟裂，被害树干大量流胶，严重时幼虫可将树干下部的树皮、形成层全部蛀食成隧道，使整个植株死亡。

盛发期：6 月下旬—8 月上旬。花椒所处生育期：着色、成熟期。

气象条件的影响：幼虫开始活动期在 12～15 ℃，化蛹期为 16～19 ℃，成虫羽化期为 22～25 ℃，孵化期为 25～27 ℃，停止活动期为 8～10 ℃，除孵化期外其他生育期相对湿度<50％。卵孵化期温度在 25 ℃以上，要有一定的湿度条件，高温和干旱会使卵自然干枯死亡。当卵孵化期相对湿度在 50％～60％，35 ℃及以上的高温持续 3 天以下时有利于孵化，短时强降水不利于产卵和孵化。夏季水分条件是抑制虫害的主要因子，降水偏多抑制窄吉丁的发生和蔓延，反之则对其发生有利。

2. 防治措施

（1）在成虫羽化前对树干涂药抹泥。用 20～50 倍氧化乐果和辛硫磷，久效磷等药剂，加 3％～5％煤油自树干基部涂至以上 1 米处，然后再涂一层 2～3 毫米的黏土泥浆。

（2）树干喷药。5 月中旬用氧化乐果进行树冠喷雾，一般隔一周喷 1 次，连喷 2～3 次。

（3）人工机械防治。在 4 月中旬—5 月中旬、6 月上旬用小锤锤击流胶部位，向流胶部位的四周锤击，直接杀死幼虫。